Rosemarie Hesse

Der clevere Rechentrainer

Bestell-Nr. 974

u-form Verlag · Hermann Ullrich GmbH & Co. KG

Deine Meinung ist uns wichtig!

Du hast Fragen, Anregungen oder Kritik zu diesem Produkt?
Das u-form Team steht dir gerne Rede und Antwort.
Einfach eine kurze E-Mail an:

feedback@u-form.de

Änderungen, Korrekturen und Zusatzinfos
findest du übrigens unter diesem Link:

www.u-form.de/addons/974-2025.pdf

Wenn der Link nicht funktioniert,
haben wir noch keine Zusatzinfos hinterlegt.

8. Auflage 2025 · ISBN 978-3-88234-974-0

© u-form Verlag | Hermann Ullrich GmbH & Co. KG
Cronenberger Straße 58 | 42651 Solingen
Telefon: 0212 22207-0 | Telefax: 0212 22207-63
Internet: www.u-form.de | E-Mail: uform@u-form.de

Vorwort

Der vorliegende Rechentrainer soll Ihnen zur Auffrischung und zur Festigung der in der Schule erworbenen mathematischen Grundkenntnisse dienen.

Leicht verständliche Erklärungen, viele Beispiele und Tipps sollen Ihnen helfen eventuelle Schwierigkeiten bei den verschiedenen Rechenarten zu beheben und das Rechnen zu trainieren. Der Rechentrainer enthält hierzu viele Übungsaufgaben, die besonders lebens- und praxisnah gestaltet sind. Einen wesentlichen Schwerpunkt bildet auch die Arbeit mit Textaufgaben, die erfahrungsgemäß vielen Schülern und Auszubildenden schwerfällt.

Der beigefügte Lösungsteil erklärt mit einfachen Worten die Lösungswege. Dabei wurde bewusst auf tiefgründige mathematische Erläuterungen zugunsten von Tipps und Eselsbrücken verzichtet.

Wir hoffen, dass dieser Rechentrainer Ihnen dabei hilft, fit im Rechnen zu werden und wünschen Ihnen für Ihr Berufsleben alles Gute.

Rosemarie Hesse und der u-form Verlag

Notizen

Aufgabenteil

Inhaltsverzeichnis Aufgabenteil

1. Anwendung der Grundrechenarten

Nahezu täglich befinden wir uns in Situationen, welche die Anwendung der Grundrechenarten Addition, Subtraktion, Multiplikation und Division erfordern.

Das formale Ausrechnen mit Hilfe des Taschenrechners stellt heute kein Problem mehr dar, das Finden des richtigen Rechenweges jedoch schon.

Mit den nachfolgenden Anwendungsaufgaben haben Sie Gelegenheit, Ihre Suche nach dem richtigen Lösungsweg zu trainieren. Verwenden Sie zur Berechnung den Taschenrechner.

1. Zum Tag der offenen Tür stellen die zukünftigen Hauswirtschafter/-innen und Köche ihr Können vor. Die Hauswirtschafter verkaufen 44 Stück Erdbeertorte, 26 Windbeutel, 28 Stück Apfelkuchen und 22 Muffins. Die Köche verkaufen 65 Canapés, 33 Portionen Obstsalat und 52 kleine Salatteller.

Wie viele Kostproben verkaufte jeder Bereich?

2. Oliver möchte sich einen Laptop im Wert von 445,00 € kaufen. Deshalb macht er einen „Kassensturz". Auf seinem Konto hat er 341,76 €, in seinem Sparschwein findet er noch 48,29 €. Sein Portemonnaie enthält gerade noch 7,10 €. Am nächsten Montag bekommt Oliver 50,00 € Taschengeld.

Kann er sich dann den Laptop schon kaufen, oder muss er noch länger dafür sparen?

3. Elif interessiert sich für eine Reise nach Paris. Über ein Online-Reiseportal wird ihr ein Angebot angezeigt: Anreise mit dem Bus und 3 Übernachtungen inkl. Frühstück für 499,00 €. Außerdem möchte sie noch eine Reihe von Ausflügen buchen: Bootsfahrt auf der Seine und Eiffelturm 25,00 €; Stadtrundfahrt 38,00 €; Tagesausflug Disneyland 65,00 €; Besichtigung des Schlosses Versailles 24,00 €.

Wie viel Euro muss Elif für ihre Traumreise bezahlen?

4. Ein Radrennen wird organisiert. Die 628 km lange Strecke soll in 5 Etappen gefahren werden. Die erste Etappe ist 121 km lang, die zweite 109 km, die dritte 135 km und die vierte 129 km.

Berechnen Sie die Länge der letzten Etappe!

5. Die Stadt A führt schon sehr lange Aufzeichnungen über ihre Einwohnerzahl. Im Jahr 1405 waren es 2.720 Einwohner, 2025 wurden 44.217 Einwohner gezählt.

   a) Wie viel Jahre liegen zwischen der ersten und der letzten Zählung?

   b) Wie viel Einwohner sind in der Stadt A im Laufe der vielen Jahre hinzugekommen?

6. Anlässlich eines Geschäftsjubiläums senkt die Boutique „Eva" ihre Preise. Der Hosenanzug, welcher ursprünglich für 235,00 € angeboten wurde, kostet nun nur noch 157,50 €.

   Berechnen Sie die Preissenkung in Euro!

7. Sie haben die Absicht, sich ein gebrauchtes Motorrad zu kaufen. Der Preis beträgt 10.900,00 €. Bei sofortiger Zahlung gewährt Ihnen der Händler 300,00 € Skonto (= Abzug bei frühzeitiger Zahlung). Sie zahlen 1.300,00 € in bar, den Rest mit Girocard.

   Berechnen Sie die Summe, die Sie per Girocard noch bezahlen müssen!

8. Im Durchschnitt misst ein Schritt 0,65 m.

   Wie viel Meter sind Sie gegangen, wenn Sie mit Hilfe Ihrer Smartwatch 8.312 Schritte gezählt haben?

9. Für einen Obstsalat kauft ein Koch folgende Zutaten ein:

   1,2 kg Äpfel (1 kg kostet 2,49 €)
   1,3 kg Orangen (1 kg kostet 2,69 €)
   1,45 kg Bananen (1,29 €/kg)
   8 Kiwi (0,69 €/Stück)
   1,5 kg Erdbeeren (5,98 €/kg)

   Errechnen Sie die Kosten für diese Zutaten!

10. Für eine Grillparty kaufen Sie eine größere Menge Brötchen ein.
    Sie verlangen: 20 Sesambrötchen (0,89 €/Stück)
    10 Mohnbrötchen (0,65 €/Stück)
    15 Mehrkornbrötchen (0,97 €/Stück)
    12 Schrotbrötchen (0,95 €/Stück)

    Der Bäcker berechnet Ihnen 52,10 €. Stimmt die Rechnung?

11. Für einen Museumsbesuch kostet eine Gruppenkarte für 8 Personen 64,00 €. Berechnen Sie den Eintrittspreis für eine Person!

    Wie hoch ist die Ersparnis gegenüber einer Einzelkarte, die 10,00 € kostet?

12. Für einen 14-tägigen Urlaub stehen Ihnen maximal 600,00 € zur Verfügung.

    Wie viel Euro können Sie durchschnittlich am Tag ausgeben?

13. Frau Novak verbrauchte im letzten Jahr 2.156 Liter Heizöl und bezahlte dafür 1.969,51 €.

Berechnen Sie den Literpreis!

14. Wie viel Gläser mit 0,25 Liter Inhalt können aus einer 1,5 Liter-Flasche Limonade gefüllt werden?

15. Der Inhalt eines Postsackes wiegt 4,340 kg.

Wie viel Briefe sind in diesem Postsack, wenn jeder Brief durchschnittlich 20 Gramm wiegt?

16. Auf einer Tapetenrolle befinden sich 10 Meter Tapete.

Wie viel Tapetenbahnen zu je 2,70 m kann man daraus zuschneiden?

17. Im Jahre 1867 verkaufte der russische Zar Alaska, welches 1.500.000 km^2 Fläche besitzt, für 7.200.000 Dollar an die USA.

Wie viel Dollar hat 1 km^2 damals gekostet?

18. André bringt Pfandflaschen zurück:

17 Flaschen zu je 0,08 €
23 Flaschen zu je 0,15 €
11 Flaschen zu je 0,25 €

Wie viel Pfandgeld bekommt er?

19. Die Förderleistung einer Pumpe beträgt 25 l/min.

Wie viele Minuten dauert es, bis ein Wassertank von 2.000 Litern und eine Tonne von 300 Litern Inhalt leer gepumpt sind?

20. Ein Händler liefert 125 kg Apfelsinen (2,64 €/kg), 120 kg Äpfel (2,29 €/kg) und 140 kg Bananen (1,29 €/kg).

Ermitteln Sie den Rechnungsbetrag!

21. Am Donnerstag gingen 65 Zuschauer ins Kino. Am Freitag waren es doppelt so viele Zuschauer und am Samstag 32 mehr als am Freitag.

Wie viel Besucher hatte das Kino an allen drei Tagen insgesamt?

22. In einem Haushalt wurde der Wasserverbrauch festgestellt. Der alte Zählerstand betrug 354,3 m^3, der neue Zählerstand 473,9 m^3.

Wie hoch ist der Rechnungsbetrag der Wasserrechnung, wenn pro Kubikmeter Wasser 1,91 € berechnet werden?

2. Bruchrechnen

Brüche sind Teile von Ganzen!

2.1. Addition und Subtraktion

Gleichnamige Brüche addiert bzw. subtrahiert man, indem die Zähler (Zahl auf dem Bruchstrich) addiert bzw. subtrahiert werden und der Nenner (Zahl unter dem Bruchstrich) beibehalten wird. Brüche sind **gleichnamig**, wenn sie den **gleichen Nenner** besitzen.

1. Addieren bzw. subtrahieren Sie gleichnamige Brüche!

a) $\frac{3}{8} + \frac{8}{4}$ **b)** $\frac{2}{3} + \frac{4}{3}$ **c)** $\frac{5}{10} - \frac{2}{10}$ **d)** $\frac{12}{30} - \frac{8}{30}$

Brüche, die **nicht den gleichen Nenner** haben, sind **ungleichnamige** Brüche. Ungleichnamige Brüche müssen vor dem Addieren bzw. Subtrahieren erst gleichnamig gemacht werden. (Es muss ein gemeinsamer Nenner gefunden werden.)

Beispiel:

$\frac{1}{2} + \frac{2}{3} = ?$

Es handelt sich um ungleichnamige Brüche.
Ein gemeinsamer Nenner ist 6, da diese Zahl sowohl durch 2 als auch durch 3 teilbar ist.

$\frac{1 \cdot \mathbf{3}}{2 \cdot \mathbf{3}} = \frac{3}{\mathbf{6}}$ $\frac{2 \cdot \mathbf{2}}{3 \cdot \mathbf{2}} = \frac{4}{\mathbf{6}}$

$\frac{1}{2} + \frac{2}{3} = \frac{3}{6} + \frac{4}{6} = \frac{3+4}{6} = \frac{7}{6} = 1\frac{1}{6}$

2. Addieren bzw. subtrahieren Sie die Brüche, nachdem Sie diese gleichnamig gemacht haben!

a) $\frac{1}{2} + \frac{3}{4}$ **c)** $\frac{4}{6} - \frac{1}{9}$ **e)** $\frac{5}{12} + \frac{1}{6} - \frac{1}{4}$

b) $\frac{2}{5} + \frac{1}{3}$ **d)** $\frac{3}{7} - \frac{1}{6}$

2.2. Multiplikation von Brüchen

Brüche werden miteinander multipliziert, indem man **Zähler mal Zähler** und **Nenner mal Nenner** rechnet. Die Rechnung wird vereinfacht, wenn gekürzt werden kann.

1. Berechnen Sie!

a) $\frac{4}{5} \cdot \frac{15}{20}$ b) $\frac{3}{4} \cdot \frac{8}{15}$ c) $\frac{12}{18} \cdot \frac{9}{10}$ d) $\frac{21}{16} \cdot \frac{8}{7}$ e) $\frac{5}{14} \cdot \frac{7}{15}$

Gemischte Zahlen (z. B.: 1 ½) werden vor dem Multiplizieren in unechte Brüche umgewandelt (1 ½ = 3/2) und anschließend wie gewohnt multipliziert.

Beispiel 1:

$$2\frac{1}{2} \cdot 1\frac{2}{3} = \frac{5}{2} \cdot \frac{5}{3} = \frac{5 \cdot 5}{2 \cdot 3} = \frac{25}{6} = 4\frac{1}{6}$$

Beispiel 2:

$$1\frac{8}{10} \cdot 2\frac{7}{9} = \frac{\overset{2}{\cancel{18}}}{\underset{2}{\cancel{10}}} \cdot \frac{\overset{5}{\cancel{25}}}{\underset{1}{\cancel{9}}} = \frac{\overset{1}{\cancel{2}}}{\underset{1}{\cancel{1}}} \cdot \frac{5}{1} = 5$$

2. Berechnen Sie!

a) $2\frac{3}{6} \cdot 1\frac{2}{5}$ c) $4\frac{3}{8} \cdot 2\frac{2}{7}$ e) $1\frac{2}{3} \cdot 1\frac{1}{5}$

b) $2\frac{2}{7} \cdot 3\frac{1}{2}$ d) $1\frac{3}{5} \cdot 3\frac{4}{7}$

2.3. Division von Brüchen

1. Berechnen Sie! Kürzen Sie so weit wie möglich!

Brüche werden dividiert, indem man den **ersten Bruch** mit dem **Kehrwert des zweiten Bruches** multipliziert. (Kehrwert heißt: Zähler und Nenner werden vertauscht.) Wandeln Sie **ganze Zahlen in Brüche** um! **Kürzen** Sie, wenn möglich!

Beispiel 1:

$$\frac{3}{5} : \frac{9}{\mathbf{10}} = \frac{3}{5} \cdot \frac{\mathbf{10}}{9} = \frac{\overset{1}{\cancel{3}} \cdot \overset{2}{\cancel{10}}}{\underset{1}{\cancel{5}} \cdot \underset{3}{\cancel{9}}} = \frac{2}{3}$$

Beispiel 2:

$$\frac{5}{6} : 10 = \frac{5}{6} : \frac{10}{1} = \frac{5}{6} \cdot \frac{1}{10} = \frac{\overset{1}{\cancel{5}} \cdot 1}{6 \cdot \underset{2}{\cancel{10}}} = \frac{1}{12}$$

a) $\frac{7}{8} : \frac{21}{16}$ b) $\frac{3}{5} : \frac{6}{15}$ c) $\frac{1}{2} : \frac{1}{2}$ d) $\frac{4}{9} : \frac{2}{27}$ e) $\frac{3}{8} : \frac{18}{32}$

2. Berechnen Sie! Kürzen Sie das Ergebnis so weit wie möglich!

Gemischte Zahlen müssen zunächst in unechte Brüche umgewandelt werden. Anschließend kann wie bisher gerechnet werden.

a) $1\frac{1}{6} : 2\frac{2}{3}$ b) $3\frac{3}{8} : 1\frac{1}{4}$ c) $2\frac{3}{6} : 3$ d) $4\frac{1}{7} : 2\frac{3}{14}$

2.4. Anwendungsaufgaben

Verfügt Ihr Taschenrechner über die Funktionstaste „Brüche" (A b/c oder a b/c), so ist die Berechnung der folgenden Aufgaben kein Problem für Sie. Der Rechner übernimmt für Sie sämtliche Berechnungen, einschließlich Bestimmung des Hauptnenners und Vereinfachen des Ergebnisses. Geben Sie dafür lediglich die Brüche wie folgt ein und rechnen Sie dann wie immer.

(Bei manchen Taschenrechnern funktioniert die Bruchtaste anders. Beachten Sie die Bedienungsanleitung.)

$2\frac{3}{5} + 1\frac{1}{2}$ 2 ⌋ 3 ⌋ 5 + 1 ⌋ 1 ⌋ 2 = 4 ⌋ 1 ⌋ 10 $(= 4\frac{1}{10})$

Eine zweite Möglichkeit, Brüche zu multiplizieren ist folgende:

Der Bruch **a/b** ist gleichzusetzen mit der Rechenoperation **a : b**. Folglich kann bei der Multiplikation einer Zahl **X** mit dem Bruch **a/b** in den Taschenrechner eingegeben werden:

X · a : b =

Das Ergebnis erscheint in diesem Fall als ganze Zahl bzw. in Kommaschreibweise. Dieser Rechenweg ist vorteilhafter, wenn mit Maßeinheiten (Liter, m^2 usw.) gerechnet wird.

Beispiel 1: 5 Tüten zu je ¾ kg

Rechnen Sie: 5 · 3 kg : 4 = 3,75 kg

Beispiel 2: ⅔ von 500 m^2

Rechnen Sie: 2 : 3 · 500 m^2 = 333,3 m^2

1. Aus einem Weinfass werden 6 Flaschen zu je $\frac{3}{4}$ Liter, 9 Flaschen zu je $\frac{7}{10}$ Liter und 15 Flaschen zu je $\frac{3}{8}$ Liter abgefüllt.

   Wie viel Liter Wein werden insgesamt abgefüllt?

2. Drei Freunde kaufen ein Zelt zu 330,00 €. Emre zahlt $\frac{1}{3}$, Benjamin zahlt $\frac{3}{5}$ und Kerim den Rest.

   Wie viel Euro zahlt jeder?

3. Ein Auto kostet 40.000 €. $\frac{1}{4}$ des Preises wird in bar bezahlt, $\frac{3}{5}$ durch eine Banküberweisung. Den Rest bleibt der Käufer zunächst schuldig.

   Errechnen Sie die Höhe der Barzahlung, des Überweisungsbetrages und des Restbetrages!

4. Eine Erbschaft von 2.730 € soll so aufgeteilt werden, dass A $\frac{1}{5}$, B $\frac{2}{3}$, C den Rest erhält.

   a) Wie groß ist der Bruchteil von C?

   b) Wie viel Euro erhält jeder Erbe?

5. Hans arbeitet in der Fleischereiabteilung eines Supermarktes.
   Heute hat er unter anderem abgepackt:
   25 mal $\frac{1}{2}$ kg Hackfleisch
   30 mal $\frac{1}{4}$ kg Hackfleisch
   10 mal 1 $\frac{1}{2}$ kg Gulasch, gemischt
   14 mal $\frac{3}{4}$ kg Rindergulasch

   Wie viel kg Fleischwaren hat er damit abgepackt?

Punktrechnung geht vor Strichrechnung!

3. Maßeinheiten

3.1. Längenmaße

Längen dehnen sich in einer Richtung aus.

1 mm	× 10 =	**1 cm**	× 10 =	**1 dm**	× 10 =	**1 m**	× 1.000 =	**1 km**
Millimeter	▷	**Zentimeter**	▷	**Dezimeter**	▷	**Meter**	▷	**Kilometer**

3.1.1. Umrechnungen in die nächste größere/kleinere Maßeinheit

Um Längenmaße erfolgreich umrechnen zu können, sollten Sie unbedingt die Reihenfolge der Maße sicher beherrschen. Die nachfolgende Übersicht soll Ihnen dabei helfen.

Wird die **Maßeinheit größer**, (Beispiel 100 mm in cm umrechnen) muss die **Ergebniszahl kleiner** werden. Dividieren Sie durch **10** (100 mm : 10 = 10 cm). Das Komma rückt **1 Stelle** nach **links**.

Maßeinheit größer ▷

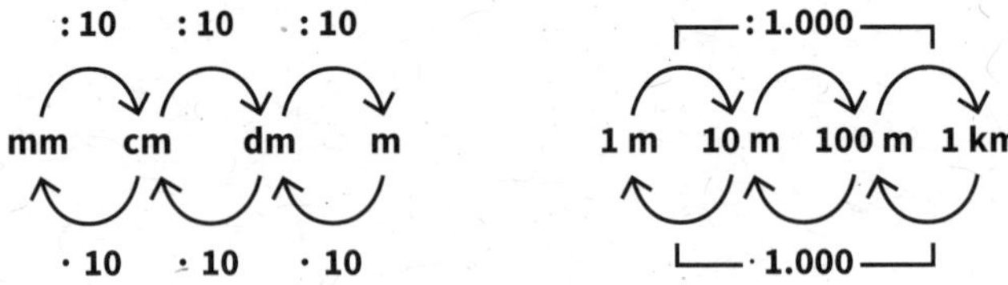

◁ Maßeinheit kleiner

Wird **die Maßeinheit kleiner**, (Beispiel 100 cm in mm umrechnen), muss die **Ergebniszahl größer** werden. Multiplizieren Sie mit **10**. (100 cm · 10 = 1.000 mm)

Das **Komma** rückt **1 Stelle** nach **rechts.**

Die **Umrechnungszahl** bei Längen ist **10**.

Ausnahme: Bei der Umrechnung von **Metern in Kilometer** und umgekehrt ist die Umrechnungszahl **1.000**.

Umrechnungsbeispiele:

350 mm	=	?	cm	Maßeinheit (mm in cm) wird größer, Zahl muss kleiner werden.
350 mm	=	35,0	cm	Dividieren Sie durch 10.
0,720 km	=	?	m	Maßeinheit (km in m) wird kleiner, Zahl muss größer werden.
0,720 km	=	720	m	Multiplizieren Sie mit 1.000.

Da bei der Umrechnung von **km in m** die Umrechnungszahl **1000** ist, rückt das Komma hier **3 Stellen** nach rechts

1. Rechnen Sie in die nächste kleinere Maßeinheit um!

40 m	68,2 cm	0,8 m	12 dm	0,03 dm
500 cm	36,7 m	4,2 cm	2,3 km	

2. Rechnen Sie in die nächste größere Maßeinheit um!

87,3 mm	60,04 dm	90,5 cm	91,85 mm	385 cm
320,7 dm	1.900 m			

3. Rechnen Sie um! **Überlegen Sie erst**, ob die Maßeinheit größer oder kleiner wird und wie die Zahl sich dann verändern muss.

28,4 dm in cm	128 cm in mm	2.380 mm in cm	805 mm in cm
408 cm in dm	821,5 m in dm	8.570 cm in dm	611 m in km

3.1.2. Umrechnungen über mehrere Einheiten

Für jede Maßeinheit rückt das Komma 1 Stelle (Ausnahme m ←→ km, 3 Stellen). Rückt das Komma aus der Zahl heraus, werden die leeren Stellen mit Nullen „aufgefüllt".

1. Rechnen Sie nun selbst!

40 m in cm	36,7 m in cm	245 cm in m	0,004 km in m
25 dm in mm	38,01 dm in mm	78,4 mm in dm	0,3 m in cm
47 m in mm	490 m in km	600 cm in km	15.000 mm in m

3.1.3. Anwendungsaufgaben

1.

a) Rechnen Sie in cm um und addieren Sie!
45,3 dm + 1,02 m + 467 mm + 18,9 cm

b) Rechnen Sie in dm um und addieren Sie anschließend!
365 m + 1.840 cm + 7,5 dm + 840 mm

c) Rechnen Sie in m um und addieren Sie!
1,05 km + 560 cm + 28 dm + 7.910 mm

2. Die Floristin schneidet von einer 25 m Rolle Satinband folgende Stücke ab:
2,10 m, 180 cm, 36 dm und 225 cm.

a) Wie viel Meter Band hat sie abgeschnitten?

b) Wie viel Meter Band sind noch auf der Rolle?

3. Ewa möchte die Wände ihres Zimmers (4,60 m lang, 4,10 m breit) tapezieren. Die Tapete ist 55 cm breit. Wie viele Bahnen muss sie zuschneiden? (Aussparungen für Fenster und Türen bleiben unberücksichtigt.) Fertigen Sie dazu eine Skizze an und tragen Sie die Maße ein!

3.2. Hohlmaße

Zum Abmessen von Flüssigkeiten werden Hohlmaße verwendet, z. B. in der Küche und in der Gastronomie.

ml	= Milliliter:	Abmessen von Flüssigkeiten beim Kochen
cl	= Zentiliter:	Ausschank von Schnaps in Gaststätten, Beispiel für Fassungsvermögen in cl: Schnapsglas (2 cl) [Bierglas (0,3 l ; 0,4 l ; 0,5 l), Sektglas (0,2 l)]
dl	= Deziliter:	Abmessen von Flüssigkeiten beim Kochen, medizinische Berechnungen, Beispiel: Blutzucker (Diabetes)-Messungen in mg pro Deziliter Blut
l	= Liter:	Tanken, Wasserverbrauch der Waschmaschine, Beispiel für Fassungsvermögen in l: Wassereimer (10 l)

Die **Umrechnungszahl** bei Hohlmaßen ist in der Regel **10**.

Auch hier gilt: Wird die **Maßeinheit größer**, wird die **Zahl kleiner**.
Rechnen Sie **: 10**!

Wird die **Maßeinheit kleiner**, wird die **Zahl größer**.
Rechnen Sie **· 10**!

Maßeinheit größer ▹

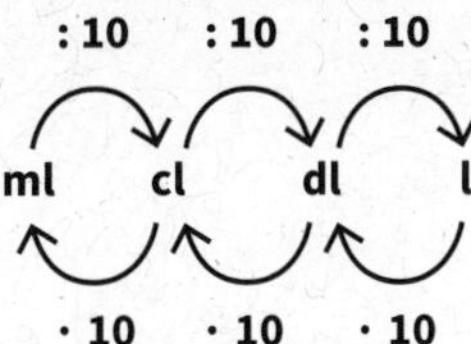

◃ Maßeinheit kleiner

Messen Sie einmal das Fassungsvermögen folgender Gegenstände aus:
Mehrzweckglas, Bierglas, Sektglas, Schnapsglas, großer Kochtopf, Wassereimer. Vielleicht finden Sie ja noch weitere Haushaltsgegenstände, die Sie ausmessen möchten.

3.2.1. Umrechnungen in die nächste größere/kleinere Einheit

1. Rechnen Sie in die nächste größere Maßeinheit um!

20 dl	345,6 dl	24.800 cl	150 cl	90,3 ml
670,55 ml	200 ml	445,9 cl	307,85 dl	

2. Rechnen Sie in die nächste kleinere Maßeinheit um!

40 cl	350,8 dl	28,3 dl	230 dl	2.345,6 l
45,9 cl	9.000 l	0,075 cl	80,03 l	10.560 dl

3. Rechnen Sie um! Wird die Maßeinheit größer oder kleiner? Entscheiden Sie dann selbst, wie die Zahl sich verändern muss!

38,7 ml in cl	800 cl in dl	16,3 ml in cl	911 dl in l
2.000 ml in cl	920 l in dl	38,45 cl in ml	8,5 dl in cl

3.2.2. Umrechnungen über mehrere Einheiten

1. Rechnen Sie in die geforderte Maßeinheit um!

375 ml in l	0,5 l in ml	18 l in cl	4.500 ml in dl	1,75 l in cl
450 ml in l	620 dl in ml	300 dl in ml	1.300 ml in dl	390 cl in l

2. Ermitteln Sie die Gesamtmenge!

   a) in Liter
   2,3 l + 750 ml + 22 dl + 44 cl + 50 ml

   b) in ml
   1,8 l + 3,5 dl + 45 cl + 1.200 ml

   c) in cl
   275 ml + 100 cl + 3,6 dl + 0,4 l

3.2.3. Anwendungsaufgaben

1. Ein Fass enthält 750 l Wein, welcher in 700-ml-Flaschen abgefüllt werden soll. Wie viele Flaschen könnten abgefüllt werden, wenn der Abfüllverlust vernachlässigt wird?

2. Eine Flasche Cognac enthält 0,7 l. Wie viel Gläser zu je 2 cl können daraus ausgeschenkt werden?

3. Aus einem Fass Bier mit 100 Litern Inhalt wurden laut Bon gezapft:
   145 Gläser mit 0,3 Liter Inhalt
   56 Gläser mit 0,4 Liter Inhalt

   Wie viel Liter Bier müssten noch im Fass sein?

4. Ein Tank für Regenwasser fasst 2 m³. Wie viel Gießkannen zu je 10 l lassen sich daraus füllen? ($1\ m^3 = 1.000\ l$)

5. Eine Waschmaschine verbraucht für einen Waschgang 65 Liter Wasser. Für wie viele Waschgänge reicht $1\ m^3$ Wasser? Runden Sie, wenn nötig, das Ergebnis ab!
   ($1\ m^3 = 1.000\ l$)

In Küche und Haushalt wird sehr oft mit Hohlmaßen gearbeitet. Dabei gibt es einige Maße, die ständig verwendet werden. Die Umrechnung dieser Maße sollten Sie unbedingt beherrschen. Prägen Sie sich diese Umrechnungen deshalb gut ein!

$\frac{1}{2}$ l = 0,5 l = 500 ml $\frac{1}{4}$ l = 0,25 l = 250 ml $\frac{3}{4}$ l = 0,75 l = 750 ml

$\frac{1}{8}$ l = 0,125 l = 125 ml $\frac{3}{8}$ l = 0,375 l = 375 ml

6. Üben Sie den Umgang mit diesen Brüchen. Ergänzen Sie diese Tabelle!

	Bruchzahl in Liter	**Dezimalzahl in Liter**	**Umrechnung in ml**
a)	$2\frac{3}{8}$		
b)		1,25	
c)			3.750
d)		4,5	
e)	$1\frac{1}{8}$		

Sie können sich die Brüche $\frac{1}{2}$, $\frac{3}{4}$ usw. nicht so gut merken?

Dann rechnen Sie sich einfach den Bruch aus.

$\frac{1}{2} = 1 : 2 = 0{,}5$ $\frac{3}{4} = 3 : 4 = 0{,}75$ usw.

3.3. Massemaße

Gewichte werden häufig angegeben in:

mg = Milligramm   g = Gramm   kg = Kilogramm   t = Tonne

3.3.1. Umrechnen in die nächste größere/kleinere Maßeinheit

Die Umrechnungszahl bei Gewichten ist 1.000.

Maßeinheit größer ▹

: 1.000 : 1.000 : 1.000

mg g kg t

· 1.000 · 1.000 · 1.000

◃ Maßeinheit kleiner

1. Wandeln Sie in die nächste größere Maßeinheit um!

Denken Sie an die Regel: Wird die **Maßeinheit größer**, wird die **Zahl kleiner**.
Rechnen Sie **: 1.000.**

1.200 g   3.650 kg   127.500 g   750 mg

2.600 mg   8.000 kg   900,3 g

2. Wandeln Sie in die nächste kleinere Maßeinheit um!

Denken Sie an die Regel: Wird die **Maßeinheit kleiner**, wird die **Zahl größer**.
Rechnen Sie **· 1.000.**

250 g   91,6 kg   1,032 t

105,2 g   0,005 kg   13 t

3,9 t   3,4 g   0,75 kg

3. Überlegen Sie selbst, ob die Zahl größer oder kleiner werden muss!

21,3 kg in g	9.600 g in kg	25.750 kg in t	918 mg in g
1,8 t in kg	40,820 t in kg	6.000 kg in t	200 mg in g

3.3.2. Umrechnungen über mehrere Einheiten

1. Rechnen Sie in die geforderte Maßeinheit um!

98.000 mg in kg	30.000.000 mg in t	205.300 g in t	1,05 t in g
0,0052 t in g	64,75 kg in mg	48.206 mg in kg	500.000.000 g in t

2. Rechnen Sie zuerst um und addieren Sie dann!

   a) in g
   0,6 kg + 3.500 mg + 0,0001 t

   b) in kg
   6.000 g + 3,4 t + 500.000 mg

   c) in t
   180.000 g + 516 kg + 5.000.000 g

Wie schon bei den Hohlmaßen, gibt es auch bei den Gewichten typische Bruchzahlen, mit denen sehr oft in der Küche gearbeitet wird.
Da die Rechenweise die gleiche wie bei den Hohlmaßen ist, können Sie hier Ihr bereits vorhandenes Wissen auffrischen bzw. anwenden.

$\frac{1}{2}$ kg = 0,5 kg = 500 g $\frac{1}{4}$ kg = 0,25 kg = 250 g $\frac{3}{4}$ kg = 0,75 kg = 750 g

$\frac{1}{8}$ kg = 0,125 kg = 125 g $\frac{3}{8}$ kg = 0,375 kg = 375 g

3. Geben Sie die Gewichte in kg (Kommaschreibweise) und in g an!

a) $1\frac{1}{4}$ kg   b) $3\frac{1}{2}$ kg   c) $7\frac{3}{8}$ kg   d) $2\frac{1}{8}$ kg   e) $1\frac{3}{4}$ kg

4. Mathematische Formeln umstellen

Eine Formel ist eine Gleichung. Die am häufigsten gesuchte Größe steht dabei meist schon auf einer Seite allein.

Beispiel:

A = *a* · b (Flächeninhalt des Rechteckes)
Fläche = *Länge* · Breite

Ist jedoch der Wert einer anderen Größe gesucht, muss die Formel so umgestellt werden, dass die gesuchte Variable berechnet werden kann.

Beispiel:

gegeben: Breite b = 4 m
Fläche A = 24 m^2

gesucht: Länge a

Lösung: Sie gehen von der Gleichung für die Flächenberechnung aus:
A = *a* · b

Die Länge a ist gesucht. Um a berechnen zu können, muss sie allein auf einer Seite der Gleichung stehen. Die Breite b muss „entfernt" werden. Dazu müssen beide Seiten der Gleichung durch die Breite b geteilt werden.

A = *a* · b | : b

A : b = a · b : b
A : b = a

a = **A** : b

Nun können Sie die Länge a ausrechnen. Setzen Sie dazu die gegebenen Werte für A und b in die Gleichung ein!

a = A : b
a = 24 m^2 : 4 m

a = 6 m

Mathematische Formeln umstellen

Soll eine unbekannte Größe isoliert werden, rechnet man genau die entgegengesetzte Rechenart von der, die in der Formel steht.

Also: + statt −
− statt +
· statt :
: statt ·

Stellen Sie folgende Formeln um!

1. Formeln zur Flächen- und Umfangberechnung

a)	Fläche eines Quadrates	$A = a^2$	nach a
b)	Umfang eines Quadrates	$U = 4 \cdot a$	nach a
c)	Fläche eines Rechteckes	$A = a \cdot b$	nach b
d)	Umfang eines Rechteckes	$U = 2 \cdot (a + b)$	nach a
e)	Fläche eines Dreiecks	$A = \frac{g \cdot h}{2}$	nach g
f)	Fläche eines Kreises	$A = \pi \cdot r^2$	nach r
g)	Fläche eines Kreises	$A = \frac{\pi \cdot d^2}{4}$	nach d
h)	Umfang eines Kreises	$U = \pi \cdot r \cdot 2$	nach r
i)	Umfang eines Kreises	$U = \pi \cdot d$	nach d
j)	zusammengesetzte Fläche	$A = A_1 + A_2 + A_3$	nach A_2

2. Formeln zur Volumenberechnung

a)	Volumen eines Quaders	$V = a \cdot b \cdot c$	nach c
b)	Volumen eines Würfels	$V = a^3$	nach a
c)	Volumen eines Zylinders	$V = \pi \cdot r^2 \cdot h$	nach h

3. Formeln zur Zinsrechnung

a)	Zinsen	$Z = \frac{K \cdot p \cdot t}{100}$	nach K und nach p (K = Kapital, p = Zinssatz, t = Laufzeit)
b)	Monatszinsen	$Z = \frac{K \cdot p \cdot t}{100 \cdot 12}$	nach K und nach t

5. Flächenberechnungen

5.1. Flächenmaße

Flächen dehnen sich in **zwei Richtungen** aus (Länge und Breite)!

Häufig verwendete Flächenmaße sind:

mm^2	Quadratmillimeter	m^2	Quadratmeter
cm^2	Quadratzentimeter	a	Ar
dm^2	Quadratdezimeter	ha	Hektar

5.1.1. Umrechnungen in die nächste größere/kleinere Einheit

Die Umrechnungszahl für Flächen ist 100.
Die Umrechnungszahl (100) hat **2** Nullen, die Maßeinheit steht „hoch **2**".

Maßeinheit größer ▹

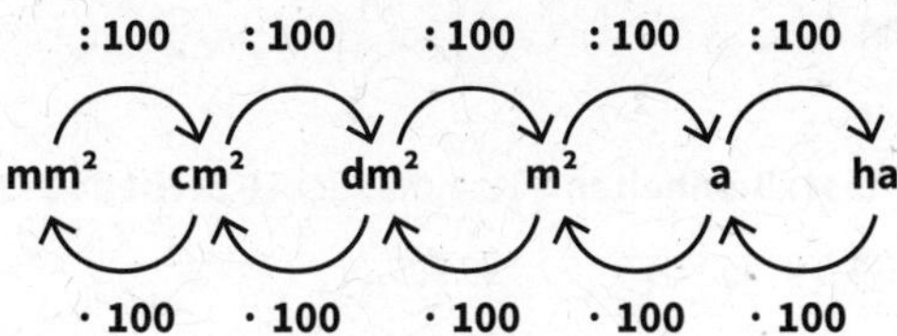

◃ Maßeinheit kleiner

Wird die **Maßeinheit kleiner**, muss die **Zahl größer** werden.
Rechnen Sie **mal 100**! Das **Komma** rückt **2 Stellen nach rechts.**

Wird die **Maßeinheit größer**, muss die Zahl **kleiner** werden.
Rechnen Sie **geteilt durch 100**! Das **Komma** rückt **2 Stellen nach links**.

Die Umrechnungszahl von einer Maßeinheit zur nächsten ist stets 100. Ausnahmen gibt es nicht! Das **Komma** rückt für jede Maßeinheit **2 Stellen**.

1. Rechnen Sie um! Entscheiden Sie selbst, ob die umgerechneten Zahlen größer oder kleiner werden müssen!

25,3 m^2 in dm^2	310,75 m^2 in dm^2	0,35 m^2 in a
680 cm^2 in dm^2	55,453 cm^2 in mm^2	1.000 a in m^2
0,8 ha in a	903,6 cm^2 in dm^2	620 mm^2 in cm^2
13,2 a in ha	0,04 ha in a	515,4 dm^2 in cm^2
60,5 a in m^2	800 ha in a	75,85 m^2 in dm^2

5.1.2. Umrechnungen über mehrere Einheiten

Beachten Sie, dass **für jede Einheit** das **Komma 2 Stellen rückt**.

Beispiel 1:

30,45 m^2 in cm^2 **2 Maßeinheiten** ▸ Komma rückt **4 Stellen (2 · 2) nach rechts**

30,45 m^2 = 3 0 4 5 0 0 cm^2

Komma

Beispiel 2:

80.500 dm^2 in ha **3 Maßeinheiten** ▸ Komma rückt **6 Stellen (2 · 3) nach links**

80.500 dm^2 = 0 , 0 8 0 5 0 0 ha *(80.500 = 80.500**,0**)*

Komma

Rückt das Komma aus der Zahl heraus, füllen Sie die restlichen Stellen mit Nullen aus!

Denken Sie daran: Hat die umzurechnende Zahl kein Komma, so würde es hinter der letzten Ziffer stehen. (25 = 25,0)

1. Rechnen Sie in die geforderte Maßeinheit um!

10.000 m^2 in ha	5,5 a in dm^2	0,5 ha in m^2
8.000 mm^2 in dm^2	0,00002 m^2 in mm^2	450 a in dm^2
0,09 dm^2 in mm^2	312 mm^2 in dm^2	230 m^2 in cm^2
1,035 m^2 in mm^2	25.000 mm^2 in m^2	75 cm^2 in m^2
600.000 m^2 in ha	0,75 dm^2 in mm^2	88,5 dm^2 in mm^2

2. Rechnen Sie zunächst in m^2 um und addieren Sie anschließend!

a) 0,4 a + 1,075 ha + 250 dm^2 + 1400 cm^2 =

b) 300.000 cm^2 + 48 a + 0,2 ha + 750 dm^2 =

5.1.3. Anwendungsaufgaben

1. Nadja misst ihren Garten aus und schreibt sich alle Maße genau auf. Leider konnte sie sich für keine der Maßeinheiten entscheiden. Das müssen Sie jetzt tun.

Wie groß ist Nadjas Garten insgesamt?

Blumenbeet	1.050 dm^2	Wege	19,4 m^2
Gemüsebeet	23 m^2	Wildkräuterwiese	1,1 a
Obstgarten	2,5 a	Gartenhaus	2.750 dm^2
Kräuterecke	190 dm^2		

2. Eine Gärtnerei verfügt über folgende Flächen:

Gewächshausfläche	3.000 m^2	Gebäude	95 m^2
Frühbeetfläche	2,5 a	Wege	0,48 ha
Freilandfläche	2,8 ha		

Berechnen Sie die Gesamtgröße der Gärtnerei in m^2 und in ha!

3. Ronny hat während der Klassenfahrt eine Unmenge Fotos geschossen. Jedes Foto druckt er in der Größe 10 cm × 13 cm aus und hat somit eine Fläche von 130 cm^2. Wie viel m^2 Wandfläche könnte er mit seinen Bildern gestalten, wenn er 144 Fotos hat?

4. Eine quadratische Sperrholzplatte (Seitenlänge = 2,20 m) hat einen Flächeninhalt von 4,84 m^2. Daraus sollen kleine Platten (Seitenlänge = 20 cm) mit einer Fläche von 400 cm^2 zugeschnitten werden.

Wie viel Platten können zugeschnitten werden?

5.2. Das Quadrat

Ein Quadrat hat **4 gleich lange Seiten**, die rechtwinklig zueinander stehen.

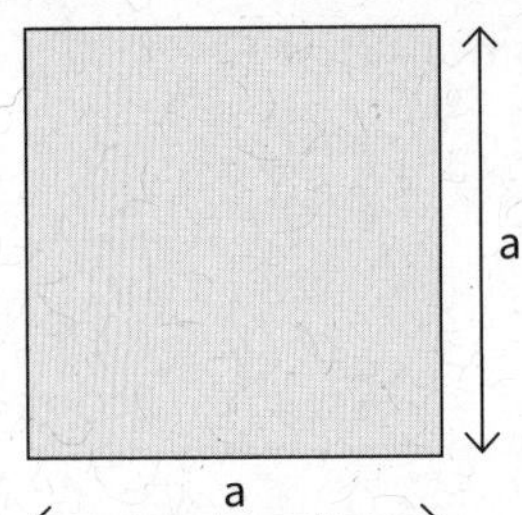

Formeln zur Berechnung:

Umfang:	$U = a + a + a + a$ $U = 4 \cdot a$
Flächeninhalt:	$A = a \cdot a$ $A = a^2$

1. Berechnen Sie für die jeweils gegebene Seitenlänge Umfang und Flächeninhalt des Quadrates!

a) a = 5 cm
b) a = 3,50 m
c) a = 12,85 dm
d) a = 600 mm
e) a = 0,4 km

2. Ein quadratisches Grundstück hat einen Flächeninhalt von 900 m^2. Errechnen Sie die Länge einer Grundstücksseite!

3. Für einen quadratischen Tisch mit einer Seitenlänge von 80 cm soll eine Tischdecke genäht werden, die an allen Seiten 25 cm überhängt.

a) Wie lang ist eine Seite der Tischdecke?

b) Die Decke soll rundherum mit einer Borte eingefasst werden. Für jede Ecke rechnet man zusätzlich mit 3 cm Borte. Berechnen Sie, wie viel Meter Borte zum Einfassen erforderlich sind.

c) Wie viel m^2 Stoff werden für die Decke gebraucht?

4. Ergänzen Sie die Tabelle!

	Seitenlänge a	Flächeninhalt A	Umfang U
a)	12 cm		
b)		25 m^2	
c)			40 dm

5.3. Das Rechteck

Das Rechteck besitzt **4 rechtwinklig zueinander stehende Seiten**. Die gegenüber liegenden Seiten sind jeweils gleich lang.

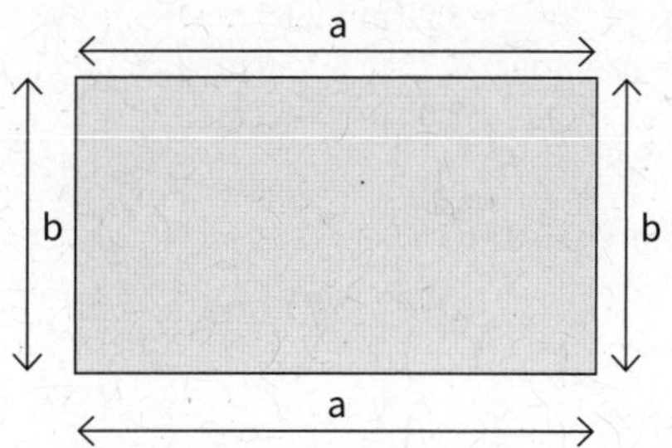

Formeln zur Berechnung:

Umfang: $U = a + b + a + b$

$U = 2 \cdot a + 2 \cdot b$

$U = 2 \cdot (a + b)$

Flächeninhalt: $A = a \cdot b$

1. Berechnen Sie Umfang und Flächeninhalt der Rechtecke!

a) a = 5 dm b = 3 dm

b) a = 2,10 m b = 1,85 m

c) a = 17 cm b = 10,4 cm

d) a = 340 m b = 275 m

2. Ergänzen Sie die Tabelle!

	Seite a (Länge)	Seite b (Breite)	Flächeninhalt A	Umfang U
a)	25 dm	18,4 dm		
b)	20 m		600 m^2	
c)		31 cm	1.395 cm^2	
d)	35 m			90 m
e)	20,08 m	13,4 m		

3. Salma möchte in ihrem Zimmer neuen Teppichboden verlegen lassen. Ihr Zimmer ist 4,80 m lang und 4,15 m breit.

a) Wie viel m^2 Teppichboden müssen verlegt werden?

b) Berechnen Sie die Kosten, wenn pro m^2 einschließlich Verlegen 32,95 € verlangt werden!

4. Eine 0,9 km lange und 12 m breite Straße soll asphaltiert werden. Berechnen Sie die zu asphaltierende Fläche!

5. Martin sucht eine preisgünstige Single-Wohnung. Er bekommt zwei Angebote.

Angebot 1:

Wohnzimmer	3,80 m × 4,10 m
Küche	2,70 m × 2,30 m
Bad	3,00 m × 2,10 m
Schlafzimmer	3,80 m × 3,30 m
Flur	3,75 m × 2,25 m

Mietpreis: 9,95 €/m²

Angebot 2:

Wohnküche	5,30 m × 4,80 m
Bad	3,20 m × 2,50 m
Schlafzimmer	3,75 m × 3,50 m
Flur	2,05 m × 2,60 m

Mietpreis: 9,35 €/m²

Welches Angebot ist günstiger?

5.4. Das Dreieck

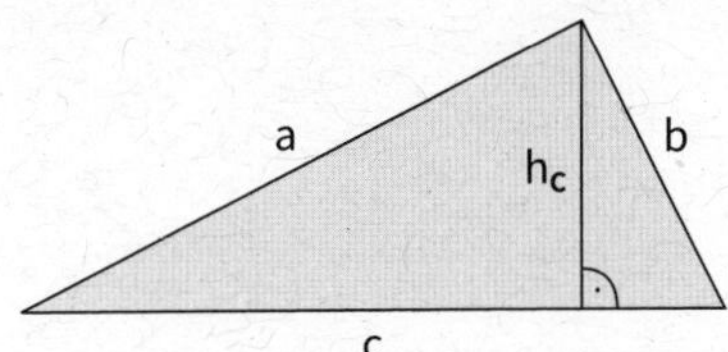

Formeln zur Berechnung:

Umfang: **U = a + b + c**

Flächeninhalt: $A = \frac{g \cdot h_g}{2}$

g = Grundlinie
h_g = Höhe über der Grundlinie (hier c und h_c)

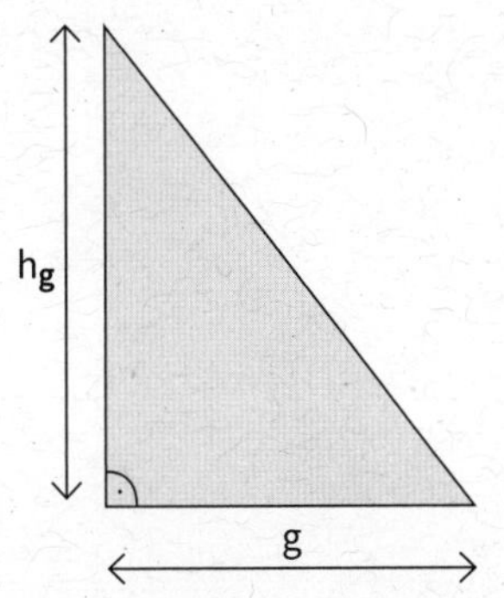

Bei einem rechtwinkligen Dreieck werden g und h_g von den beiden Dreiecksseiten gebildet, die rechtwinklig zueinander stehen.

1. Berechnen Sie die Flächeninhalte der Dreiecke!

	g	h_g	A
a)	25 cm	17,5 cm	
b)	3,4 dm	2,8 dm	
c)	11,65 m	8,45 m	
d)	13 cm	13 cm	
e)	9,05 m	4,88 m	

2. Von einer Dreiecksfläche sind Flächeninhalt $A = 320\ m^2$ und Höhe $h_g = 16$ m bekannt. Berechnen Sie die Länge der Grundseite g!

3. Der obere Teil eines Hausgiebels soll neu gestrichen werden. Entnehmen Sie die Maße der Skizze und berechnen Sie die zu streichende Fläche!

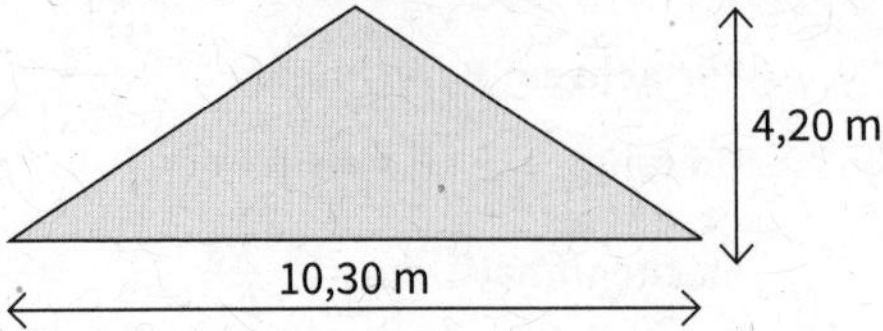

4. Konstantin möchte einen Nistkasten für Meisen bauen. Dabei hält er sich an folgende Bauanleitung:

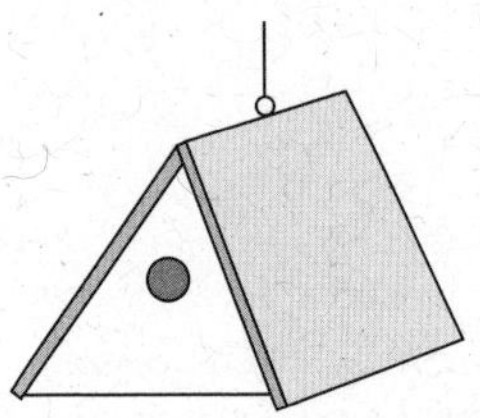

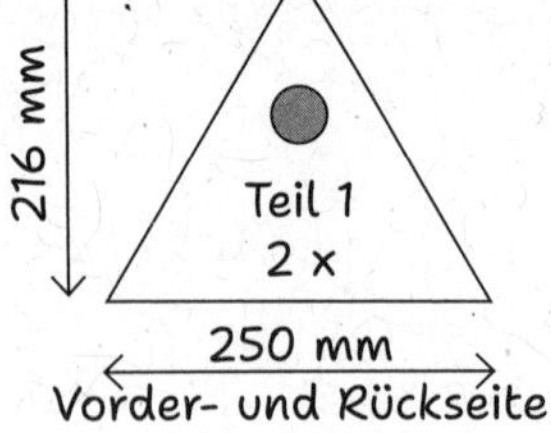

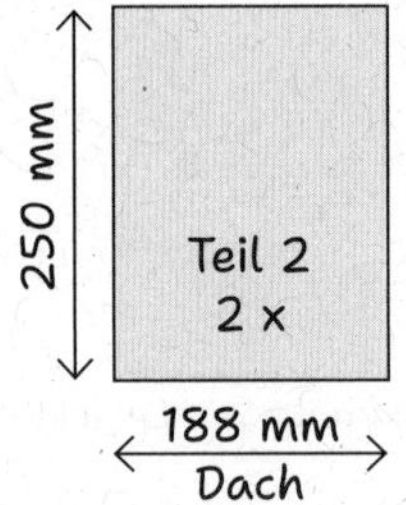

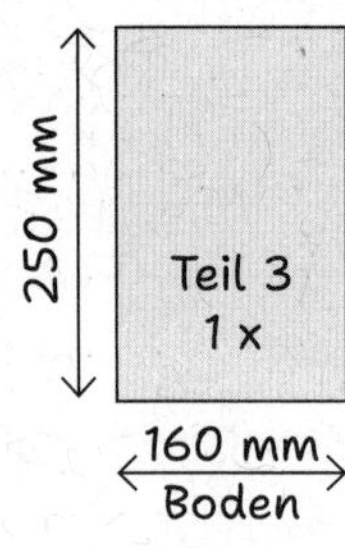

a) Errechnen Sie die erforderliche Menge Sperrholz!

b) Wie viel Euro muss Konstantin in sein Vorhaben investieren, wenn er nur das Holz kaufen muss? 1 m^2 Sperrholz kostet 10,50 €.

(Der Verschnitt bleibt unberücksichtigt!)

5. Für ein Schaufenster werden mehrere verschiedene dreieckige Dekoelemente gefertigt und anschließend auf beiden Seiten mit Lackfolie beklebt. Ermitteln Sie die jeweilige Fläche in m^2, die insgesamt mit Folie zu bekleben ist!
Der Verschnitt bleibt unberücksichtigt.

2 × Dekoelement A mit den Maßen	g = 30 cm	h_g = 45 cm
3 × Dekoelement B mit den Maßen	g = 45 cm	h_g = 60 cm
1 × Dekoelement C mit den Maßen	g = 60 cm	h_g = 85 cm

5.5. Das Trapez

Ein Trapez hat vier Seiten. Zwei gegenüber liegende Seiten (a und c) verlaufen parallel und die beiden anderen gegenüberliegenden Seiten (b und d) verlaufen nicht parallel zueinander.

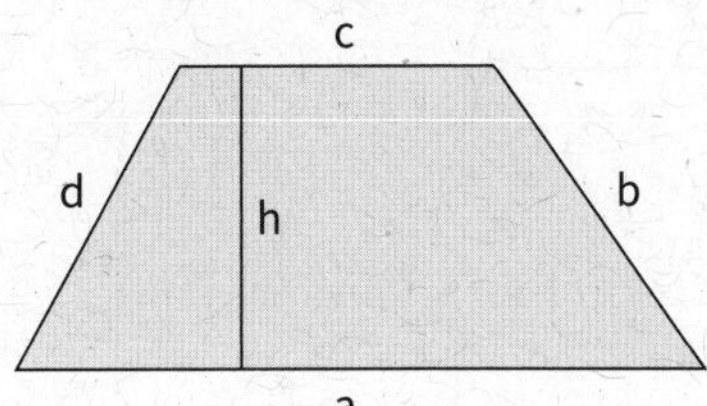

Formeln zur Berechnung:

Umfang: $U = a + b + c + d$

Flächeninhalt: $A = \frac{(a + c) \cdot h}{2}$

1. Berechnen Sie von diesen Trapezen die Flächen! Rechnen Sie stets nur mit derselben Maßeinheit!

	a	**c**	**h**	**A**
a)	5 m	8 m	4 m	
b)	15,5 cm	21,3 cm	10,7 cm	
c)	16 dm	12 dm	5,5 dm	
d)	90 cm	1,45 m	7 dm	
e)	540 cm	87 dm	3,20 m	

2. Eine Giebelseite eines Wintergartens muss neu verglast werden. Berechnen Sie die erforderliche Glasfläche in m^2! Entnehmen Sie die Maße der Skizze.

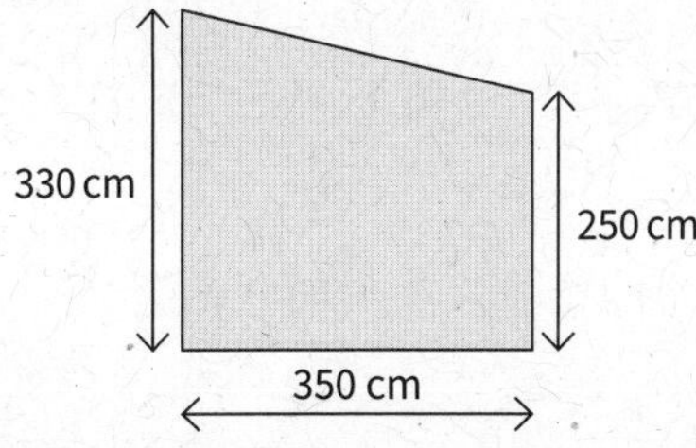

Überlegen Sie erst, welche Seiten a und c sind, bzw. welches Stück die Höhe h darstellt!

3. Für den Schutz der Nordseeküste werden schon seit vielen Generationen Deiche gebaut. Grob betrachtet haben die Deiche einen trapezförmigen Querschnitt.

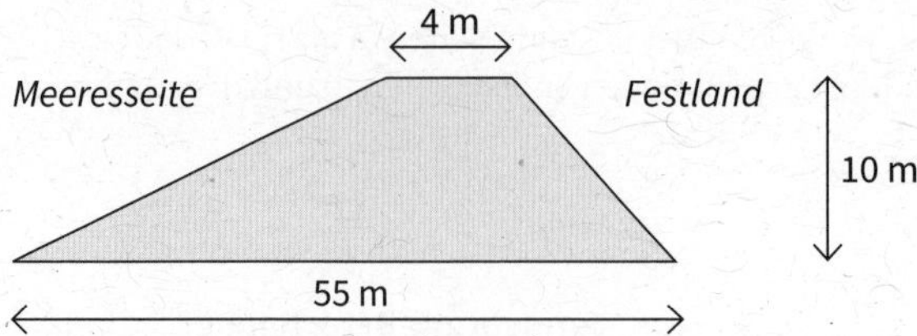

Berechnen Sie die Querschnittsfläche dieses Deiches!

4. Andreas möchte sich aus Sperrholz einen Papierkorb selber bauen. Dazu muss er vier trapezförmige Flächen mit folgenden Maßen zusägen:

obere Kante	30 cm
untere Kante	20 cm
Höhe	40 cm

Wie viel Sperrholz braucht Andreas dafür? Geben Sie das Ergebnis in cm^2, dm^2 und m^2 an!

5.6. Der Kreis

Der Kreis wird von einer gekrümmten Linie gebildet. Alle Punkte dieser Linie sind vom Mittelpunkt des Kreises gleichweit entfernt.

Entscheidend für die Größe eines Kreises ist sein Durchmesser bzw. sein Radius.

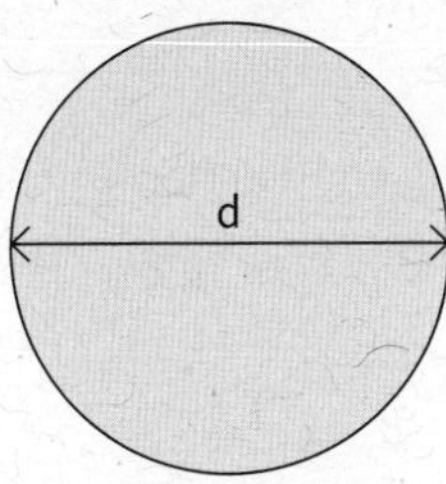

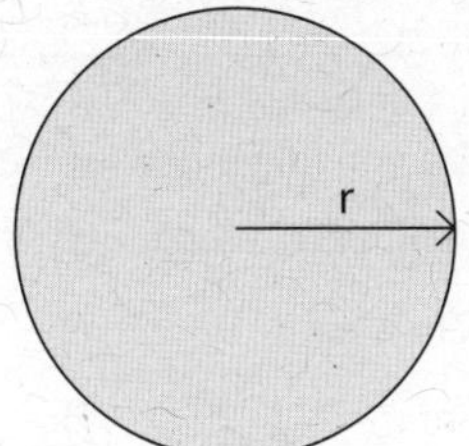

*Durch*messer d („geht *durch*")

Radius r

Formeln zur Berechnung:

	Über den Durchmesser	**Über den Radius**
Umfang:	$U = \pi \cdot d$	$U = \pi \cdot r \cdot 2$
Flächeninhalt:	$A = \frac{\pi \cdot d^2}{4}$	$A = \pi \cdot r^2$

Hinweis: Verwenden Sie in den folgenden Berechnungen für π den Wert 3,14.

Der Durchmesser ist doppelt so groß wie der Radius. $d = 2 \cdot r$

Der Radius ist halb so groß wie der Durchmesser. $r = \frac{d}{2}$

Flächenberechnungen

1. Berechnen Sie den Durchmesser bzw. den Radius!

	Durchmesser d	**Radius r**
a)	300 cm	
b)		75 mm
c)	2,50 m	
d)		0,68 m
e)	45 dm	

2. Berechnen Sie von folgenden Kreisen den Umfang und den Flächeninhalt!

a) d = 1,20 m
b) d = 45 cm
c) d = 0,3 m
d) d = 260 mm
e) r = 0,8 m
f) r = 77 cm
g) r = 340 mm
h) r = 9,6 dm

3. Für einen kreisförmigen Tisch (d = 80 cm) soll eine Tischdecke genäht werden.

a) Die Decke soll überall 20 cm überhängen. Berechnen Sie den Durchmesser der Decke!

b) Welchen Flächeninhalt hat die Tischdecke?

c) Der Deckenrand soll mit Satinband eingefasst werden. Wie viel Meter Band muss dafür gekauft werden?

d) Berechnen Sie die Materialkosten!
1 m^2 Stoff kostet 10,75 €, 1 m Band kostet 1,40 € und 1 Rolle Nähgarn kostet 0,65 €.

4. Sie kaufen einen runden Swimmingpool, der einen Durchmesser von 3,50 m hat. Wie groß ist die Fläche im Garten, die Sie für den Aufbau des Pools mindestens vorbereiten müssen? Geben Sie das Ergebnis auf 2 Stellen nach dem Komma an!

5. Der schiefe Turm von Pisa hat am Boden einen Flächeninhalt von 1.256 m^2.

Welchen Radius und welchen Umfang hat der Turm?

6. Die Plattform des Telecafés im Berliner Fernsehturm hat einen Durchmesser von ca. 30 m. Sam sitzt mit ihren Freundinnen in dem Café. Innerhalb einer Stunde dreht sich das Café einmal im Kreis, so dass die Freundinnen ganz Berlin sehen können.

Welche Strecke haben sie dabei mit Hilfe der Drehscheibe zurückgelegt?

5.7. Einfache zusammengesetzte Flächen

Die Praxis zeigt, dass viele Flächen nicht nur einer bestimmten Form zugeordnet werden können. Beim genauen Betrachten fällt auf, dass sie sich aus mehreren verschiedenen Teilflächen zusammensetzen.

Zusammengesetzte Flächen lassen sich berechnen, indem Sie diese in ihre Teilflächen zerlegen und mit Hilfe der bekannten Flächenformeln ermitteln. Am Ende zählen Sie die Teilflächen zusammen und erhalten so die Gesamtfläche.

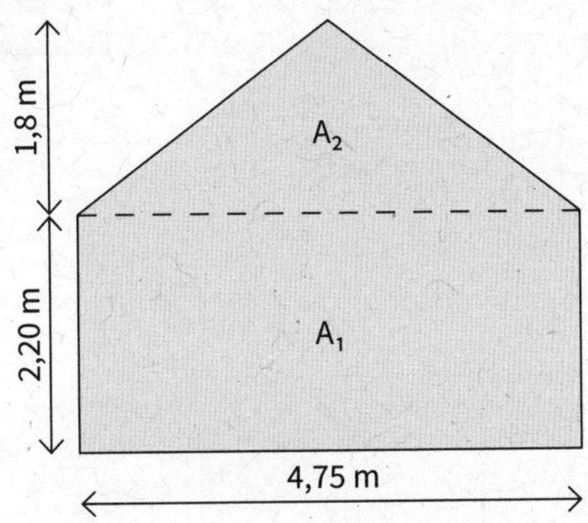

Beispiel:

Fläche A_1

$A_1 = a \cdot b$
$A_1 = 4{,}75\text{ m} \cdot 2{,}20\text{ m}$
$A_1 = 10{,}45\text{ m}^2$

Fläche A_2

$$A_2 = \frac{g \cdot h_g}{2}$$

$$A_2 = \frac{4{,}75\text{ m} \cdot 1{,}80\text{ m}}{2}$$

$A_2 = 4{,}275\text{ m}^2$

Fläche A_{ges}

$A_{ges} = A_1 + A_2$
$A_{ges} = 10{,}45\text{ m}^2 + 4{,}275\text{ m}^2$

$\mathbf{A_{ges} = 14{,}725\text{ m}^2}$

Flächenberechnungen

1. Berechnen Sie den Flächeninhalt der zusammengesetzten Flächen! Zerlegen Sie diese dazu in geeignete Teilflächen!

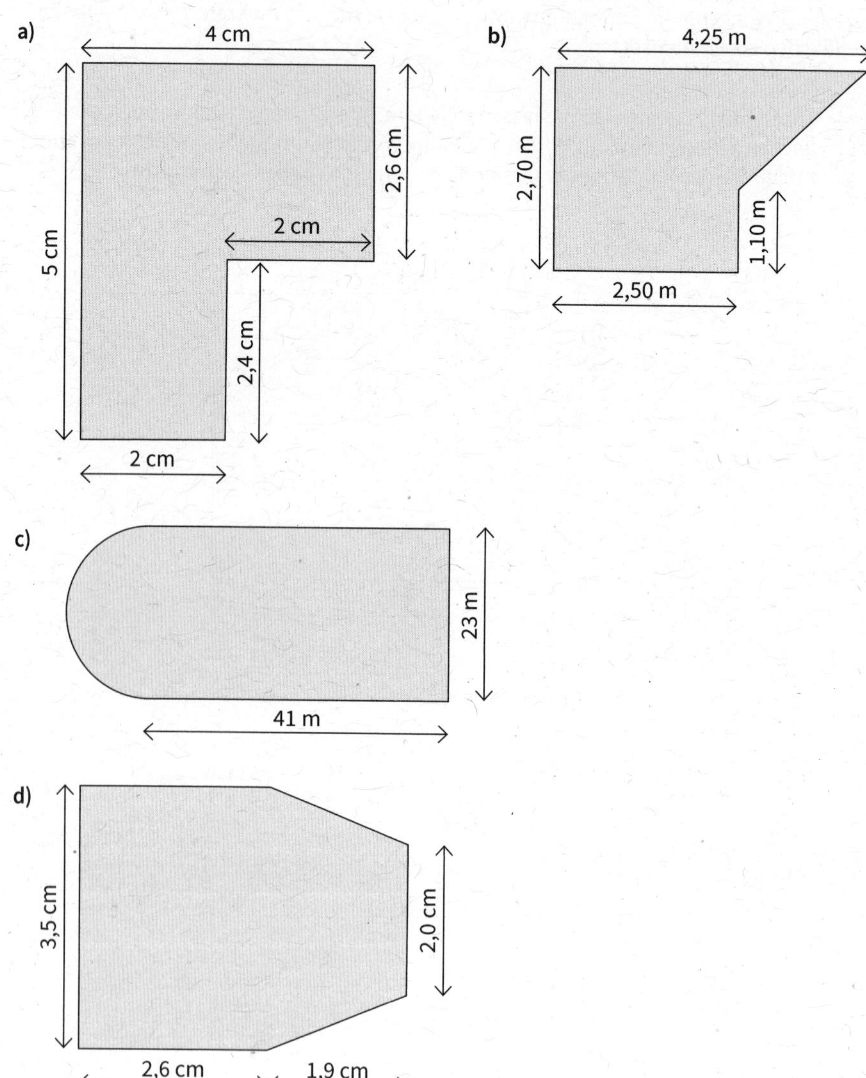

2. Marcus baut sich einen Drachen. Laut Plan hat der Drachen eine Diagonale e = 90 cm und eine Diagonale f = 80 cm. Berechnen Sie den Flächeninhalt des Drachens!

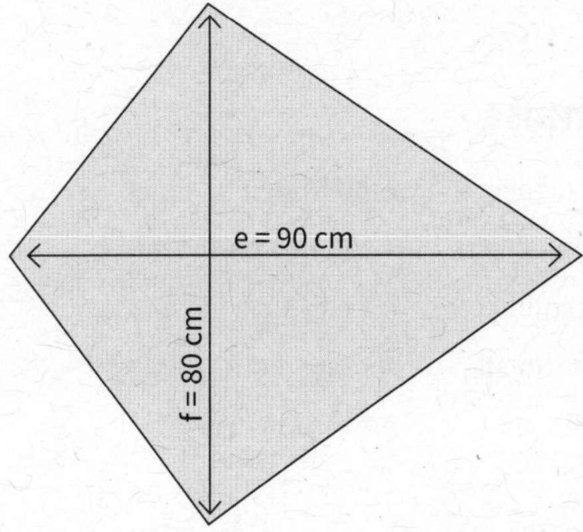

3. Lydias Zimmer soll mit neuem Teppichboden ausgelegt werden. Wie viel muss sie dafür bezahlen, wenn pro m^2 8,95 € gerechnet werden?
Die Maße entnehmen Sie der Skizze.

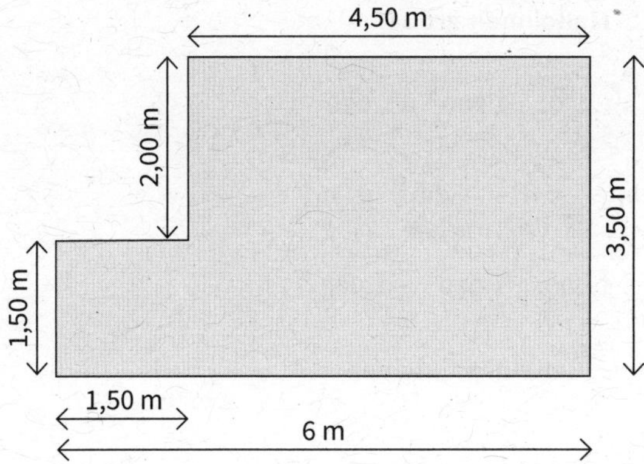

6. Körperberechnungen

6.1. Raummaße/Volumenmaße

Räume dehnen sich in **drei Richtungen** aus (Länge, Breite und Höhe)!

Volumenmaße sind:	mm^3	Kubikmillimeter	$= 1\ mm \cdot 1\ mm \cdot 1\ mm$
	cm^3	Kubikzentimeter	$= 1\ cm \cdot 1\ cm \cdot 1\ cm$
	dm^3	Kubikdezimeter	$= 1\ dm \cdot 1\ dm \cdot 1\ dm$
	m^3	Kubikmeter	$= 1\ m \cdot 1\ m \cdot 1\ m$

Die Umrechnungszahl für Volumenmaße ist 1.000.

Die Umrechnungszahl (1.000) hat *3* Nullen, die Maßeinheit steht „hoch *3*".

Maßeinheit größer ▹

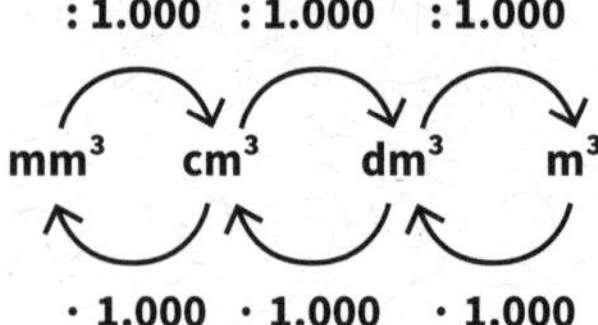

◃ Maßeinheit kleiner

Wird die **Maßeinheit größer**, muss die **Zahl kleiner** werden.
Rechnen Sie **geteilt durch 1.000**! Das **Komma** rückt **3 Stellen nach links**.

Wird die **Maßeinheit kleiner**, muss die **Zahl größer** werden.
Rechnen Sie **mal 1.000**! Das **Komma** rückt **3 Stellen nach rechts**.

6.1.1. Umrechnungen in die nächste größere/kleinere Maßeinheit

1. Rechnen Sie in die geforderte Maßeinheit um. Entscheiden Sie dabei selbst, ob die Zahl größer oder kleiner werden muss.

570 dm^3 in m^3	68,1 dm^3 in m^3	27.918 mm^3 in cm^3
28 cm^3 in mm^3	75 m^3 in dm^3	190,355 cm^3 in dm^3
0,4 m^3 in dm^3	450.000 mm^3 in cm^3	350,75 m^3 in dm^3

6.1.2. Umrechnungen über mehrere Einheiten

Für jede Maßeinheit muss das Komma 3 Stellen rücken.

Beispiel 1:

4,1 m^3 in cm^3 **2 Maßeinheiten** ▹ Komma rückt **6 Stellen (2 · 3) nach rechts**

Maßeinheit wird **kleiner** ▹ **Zahl** wird **größer**

4,1 m^3 = 4 1 0 0 0 0 0 cm^3

Komma

Beispiel 2:

250.000 mm^3 in m^3 **3 Maßeinheiten** ▹ Komma rückt **9 Stellen (3 · 3) nach links**

Maßeinheit wird **größer** ▹ **Zahl** wird **kleiner**

250.000 mm^3 = 0 , 0 0 0 2 5 0 0 0 0 m^3 = 0,00025 m^3

Komma

Nullen, die hinter der 5 und nach dem Komma stehen, kann man weglassen. Die Zahl bleibt trotzdem gleich.

Beispiel: 0,000 250 000 = 0,000 25

1. Rechnen Sie in die geforderte Maßeinheit um.

0,02 dm^3 in mm^3	125.000 dm^3 in mm^3	0,4 m^3 in mm^3
4,1 m^3 in cm^3	5.000.000 mm^3 in m^3	28 dm^3 in mm^3
450.000 mm^3 in dm^3	0,000 000 085 m^3 in mm^3	580.000 cm^3 in m^3
57,6 dm^3 in mm^3	0,034 m^3 in cm^3	0,001 m^3 in mm^3

2. Wandeln Sie erst in dm^3 um, bevor Sie addieren!

0,03 m^3 + 25.000 cm^3 + 900.000 mm^3 = ? dm^3

7,82 m^3 + 1.500.000 mm^3 + 45.300 cm^3 = ? dm^3

6.1.3. Anwendungsaufgaben

1. Sabrina beabsichtigt, ihre Balkonkästen und Pflanzkübel neu zu bepflanzen. Deshalb misst sie diese Kästen aus und errechnet das Volumen.

   Sie hat: 3 Balkonkästen mit jeweils 14,4 dm^3 Volumen
   2 Balkonkästen mit jeweils 18.000 cm^3 Volumen
   2 Pflanzkübel mit je 64.000 cm^3 Volumen und
   1 Pflanzkübel mit 144 dm^3 Volumen.

   Wie viel m^3 Erde muss Sabrina einplanen? Achten Sie auf die Maßeinheiten!

2. Der Kofferraum eines Pkw fasst 0,51 m^3 Inhalt. Wie viel Luftballons mit 2 dm^3 Inhalt würden in den Kofferraum passen?

3. Für ein Vollbad werden ca. 150 dm^3 Wasser gerechnet. Ravi möchte aber Wasser sparen und duscht stattdessen. Für einen Duschgang verbraucht er etwa 40 dm^3 Wasser.

   Wie viel m^3 Wasser könnte er so in einem Jahr sparen, wenn er täglich duscht, statt zu baden?

4. Sie helfen Freunden beim Hausbau. Ihre Aufgabe ist es, 1,5 m^3 Sand mit der Schubkarre zu transportieren.

   Wie oft müssen Sie mit der Schubkarre fahren, wenn diese 80 dm^3 fasst? Runden Sie das Ergebnis auf ganze Schubkarren auf!

6.2. Der Würfel

Der Würfel ist ein Körper und dehnt sich somit in 3 Richtungen aus: Länge, Breite und Höhe. Er gehört zu den Prismen.

Da bei einem Würfel **alle Seiten gleich lang** sind, haben Länge, Breite und Höhe dieselbe Bezeichnung „a".

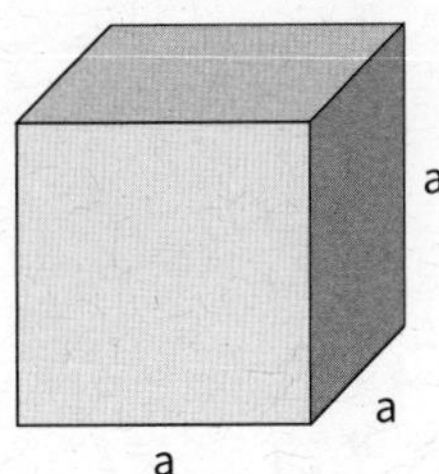

Das Volumen und die Oberfläche eines Würfels errechnen Sie nach diesen Formeln:

Volumen = Länge · Breite · Höhe
$V = a \cdot a \cdot a$
$V = a^3$

Oberfläche = 6 · Seitenfläche
$A_o = 6 \cdot a \cdot a$
$A_o = 6 \cdot a^2$

1. Berechnen Sie das Volumen und die Oberfläche der Würfel!

a) a = 25 cm
b) a = 100 mm
c) a = 30,8 dm
d) a = 4,05 m

2. Ermitteln Sie anhand des gegebenen Volumens die Seitenlänge und die Oberfläche der Würfel!

a) V = 5.832 mm^3
b) V = 140,608 cm^3
c) V = 1.000 dm^3
d) V = 64.000 m^3

3. Eine Schachtel Würfelzucker hat die Abmessungen 15 cm x 15 cm x 15 cm. Wie viel Stück Würfelzucker sind in der Schachtel, wenn 1 Stück eine Kantenlänge von jeweils 1 cm hat?

4. Sie wollen 3 Holzkisten mit einer Kantenlänge von jeweils 45 cm rund herum mit Dekorfolie bekleben. Berechnen Sie die Fläche der Dekorfolie, die Sie benötigen, in m^2!

6.3. Der Quader

Auch der Quader zählt zu den Prismen. Er hat die verschieden langen Seiten a, b und c.

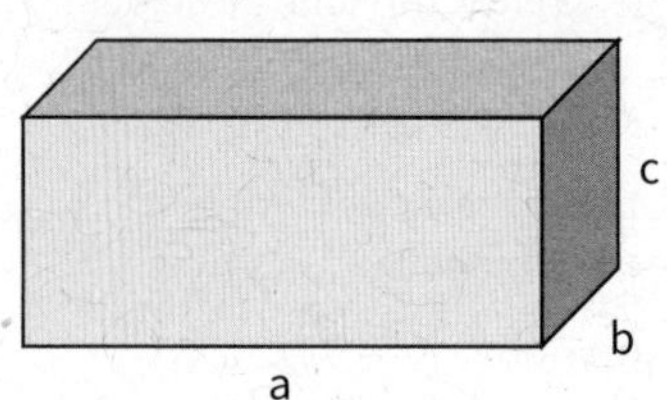

Volumen und Oberfläche eines Quaders werden nach folgenden Formeln berechnet:

Volumen = Länge · Breite · Höhe
$V = a \cdot b \cdot c$

Oberfläche
$A_o = 2 \cdot (a \cdot b + a \cdot c + b \cdot c)$

1. Berechnen Sie das Volumen und die Oberfläche des Quaders!

	Seite a	**Seite b**	**Seite c**
a)	25 cm	12,5 cm	9 cm
b)	32 mm	24 mm	18 mm
c)	1,55 m	0,87 m	1,15 m
d)	67 cm	235 mm	1,8 dm
e)	500 cm	45 dm	2,80 m

2. Das Schwimmbecken im Freibad hat die Maße: 25 m lang, 15 m breit und 3,50 m tief. Wie viel m^3 Wasser müssen zu Saisonbeginn in das Becken eingelassen werden, wenn es randvoll gefüllt sein soll?

3. Der neue Kühlschrank hat die Innenmaße 70 cm × 40 cm × 50 cm. Berechnen Sie das Fassungsvermögen des Kühlschranks in Litern! (1 dm^3 = 1 Liter)

4. Sie möchten 2 Kübel für Ihre Terrasse bepflanzen und müssen dafür Erde kaufen. Die Kübel haben ein Innenmaß von 50 cm × 50 cm × 40 cm.

- a) Berechnen Sie die Liter Erde, die Sie benötigen!
- b) Wie viel € sind zu bezahlen, wenn 1 Sack Erde mit 50 Litern Inhalt 10,00 € kostet?

5. Im Hafen stehen viele Seecontainer zum Verladen. Sie sind 12 m lang, 2,30 m breit und 2,28 m hoch. Berechnen Sie das Fassungsvermögen eines solchen Containers!

6.4. Der Zylinder

Der Zylinder ist ein Prisma mit einem runden Querschnitt.

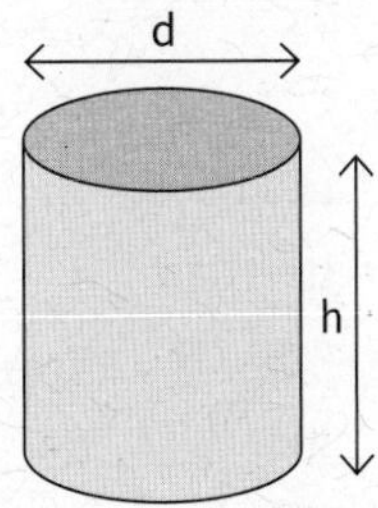

Das Volumen eines Zylinders wird berechnet nach der Formel:

Volumen = Grundfläche · Höhe

$$V = A_G \cdot h$$

Da die Grundfläche ein Kreis ist, wird für A_G die Formel zur Berechnung des Kreisflächeninhaltes eingesetzt.

$$V = \frac{\pi \cdot d^2}{4} \cdot h$$

1. Berechnen Sie für folgende zylindrische Behälter das Volumen!

a)	d = 30 cm	h = 45 cm	**c)**	r = 45 dm	h = 1,50 m
b)	d = 2,10 m	h = 3,05 m	**d)**	r = 0,75 m	h = 400 cm

2. Eine Konservendose ist 12 cm hoch und hat einen Durchmesser von 10 cm. Wie viel Liter Inhalt hat die Dose?

3. Eine Regentonne mit einem Durchmesser von 60 cm und einer Höhe von 1,20 m ist bis zur Hälfte mit Wasser gefüllt.

a) Wie viel Liter Wasser sind zurzeit in der Regentonne?

b) Wie viel Gießkannen zu je 10 Litern können davon gefüllt werden? Runden Sie auf volle Kannen!

4. Die LED Wassersäule in Swetlanas Zimmer ist 1,30 m hoch und hat einen Radius von 10 cm. Wie viel Liter Wasser sind in der Säule?

5. In einer Küche befindet sich ein rundes Spülbecken, das einen Durchmesser von 42 cm und eine Tiefe von 30 cm hat.

a) Wie viel Liter Wasser werden verbraucht, wenn das Wasser bis 10 cm unter den Rand eingelassen wird? Runden Sie das Ergebnis auf eine Stelle nach dem Komma!

b) Ermitteln Sie den Wasser-Jahresverbrauch, wenn durchschnittlich zweimal täglich abgewaschen wird!

6. Ein Getränkesaftfass zur eigenen Saftherstellung hat einen Durchmesser von 440 mm und eine Höhe von 770 mm. Wie viel Liter Fassungsvermögen hat das Gerät? Runden Sie das Ergebnis auf zwei Kommastellen!

6.5. Das Prisma

Alle Körper mit gleichbleibendem Querschnitt werden „Prisma“ genannt. Zu den Prismen gehören auch die bereits behandelten Würfel und Quader (mit ihren viereckigen Querschnitten) und die Zylinder (mit ihren runden Querschnitten).

Die Querschnitte der Prismen können sehr unterschiedlich aussehen.

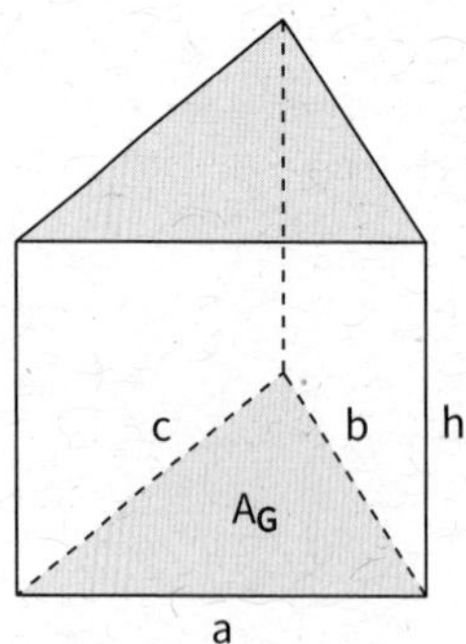

Das Volumen eines Prismas wird berechnet nach der Formel:

Volumen = Grundfläche · Höhe

$$V = A_G \cdot h$$

Da die Grundfläche bei einem Prisma unterschiedlich sein kann, z. B.: ein Dreieck, ein Sechseck usw., muss dementsprechend dann die Formel zur Berechnung der Grundfläche sein.

1. Berechnen Sie das Volumen der Prismen! Achten Sie auf die Maßeinheiten!

	Grundfläche A_G	Höhe h	Volumen V
a)	365 cm^2	11,5 cm	
b)	20,8 dm^2	45 cm	
c)	1,75 m^2	28,8 dm	

2. Ein Dach hat die Form eines Prismas. Berechnen Sie das Volumen des Dachraumes! Entnehmen Sie die erforderlichen Maße der Zeichnung!

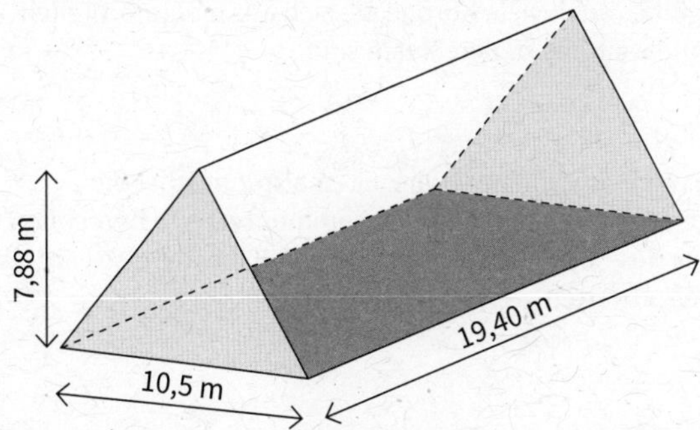

In diesem Fall entspricht die Stirnseite des Daches (Dreieck) der Grundfläche und die Länge entspricht der Höhe h.

3. Ermitteln Sie das Volumen! Beachten Sie, dass erst die Grundfläche A_G berechnet werden muss.

	Dreiecksprisma		**Höhe des Prismas**
a)	g = 12 cm	h_g = 6,9 cm	h = 18,7 cm
b)	g = 3,5 dm	h_g = 0,9 dm	h = 3,6 dm
c)	g = 60 cm	h_g = 1,8 dm	h = 2,05 m

4. Eine Vase hat eine dreieckige Grundfläche (g = 10 cm, h_g = 8,66 cm) und eine Höhe von 35 cm.

a) Berechnen Sie die Wassermenge in Litern, wenn die Vase randvoll gefüllt ist!

b) Wie viel Liter Wasser sind in der Vase, wenn diese bis 5 cm unter den Rand mit Wasser gefüllt ist?

5. Errechnen Sie den Rauminhalt des Zeltes in m^3! Lesen Sie die Maße aus der Skizze ab!

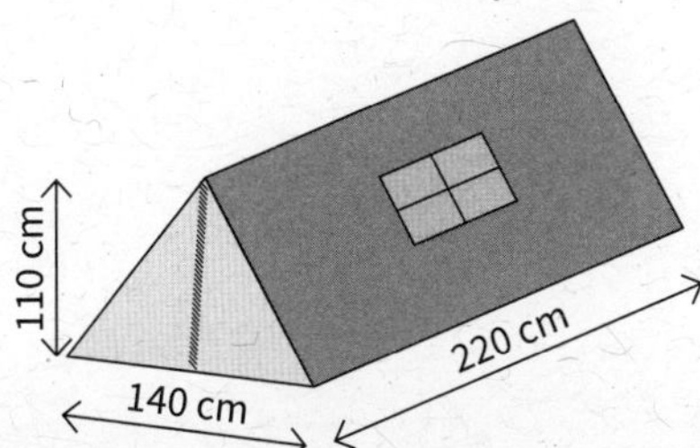

6.6. Einfache zusammengesetzte Körper

Ähnlich der Flächenberechnung gibt es auch viele Körper, die sich aus mehreren Teilen zusammensetzen und nicht so ohne weiteres zu berechnen sind.

Das Volumen errechnet sich aus Grundfläche · Höhe. Es ist also zunächst die Grundfläche, welche sich aus mehreren Teilflächen zusammensetzt, zu berechnen. Diese wird dann mit der Höhe des Körpers mal genommen. Auf diese Weise wird das gesamte Volumen des Körpers ermittelt.

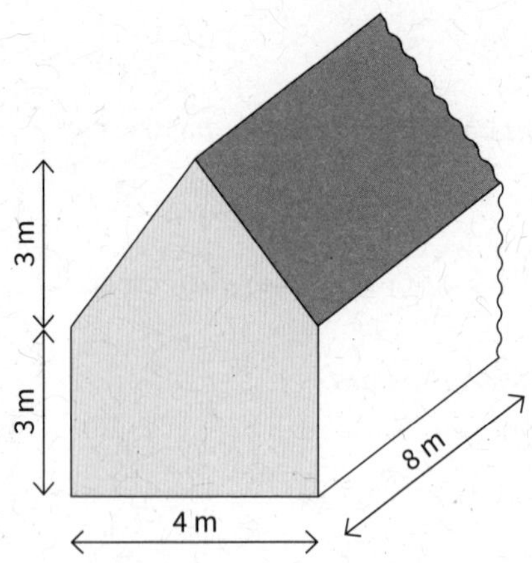

Auch hier stellt die Giebelseite des Hauses die Grundfläche unseres zusammengesetzten Körpers dar und die Hauslänge entspricht der Prismenhöhe. (Das Prisma ist praktisch auf eine Seite gelegt worden.)

Beispiel:

Grundfläche A_G:

$A_1 = a \cdot b$
$A_1 = 4\ m \cdot 3\ m$
$\mathbf{A_1 = 12\ m^2}$

$A_2 = \frac{g \cdot h}{2}$

$A_2 = \frac{4\ m \cdot 3\ m}{2}$

$\mathbf{A_2 = 6\ m^2}$

$A_G = A_1 + A_2$
$A_G = 12\ m^2 + 6\ m^2$

$\mathbf{A_G = 18\ m^2}$

Volumen V:

$V = A_G \cdot h$
$V = 18\ m^2 \cdot 8\ m$
$\mathbf{V = 144\ m^3}$

1. Dominics Vater hat ein Gewächshaus im Garten stehen. Die Abmessungen können Sie der Zeichnung entnehmen. Ermitteln Sie das Volumen des Gewächshauses!

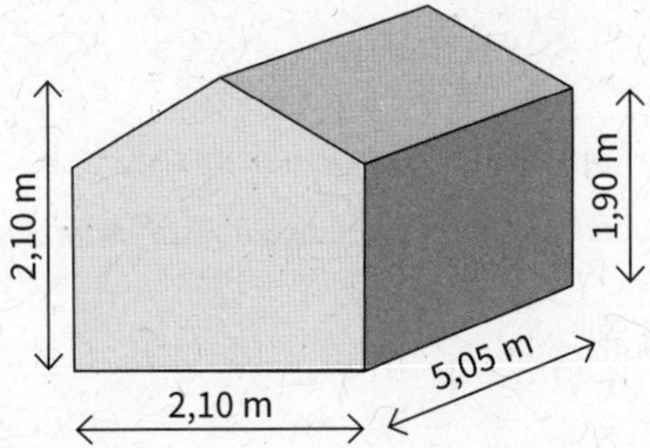

2. Janas Pferd ist in einer Pferdepension untergebracht. Der Stall ist 20 m lang und 8 m breit. Die Seitenwände haben eine Höhe von 3,50 m. Daran schließt das Satteldach an, welches noch einmal 2 m hoch ist.

a) Fertigen Sie eine Skizze vom Stall an und ordnen Sie die Maße richtig zu!

b) Berechnen Sie den Rauminhalt des Stalles in m^3!

3. Familie Okoro möchte ein Haus bauen. Dazu muss jedoch Erdreich von einem Hang (Querschnitt siehe Skizze) abgetragen werden.

Wie viel m^3 Erde müssen auf einer Länge von 18 m abgetragen werden?

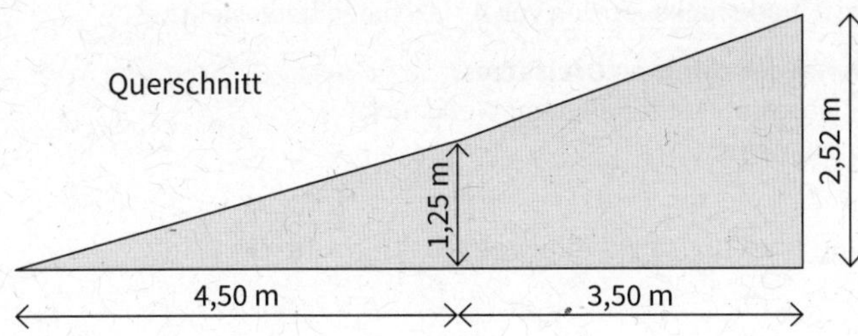

7. Der Dreisatz

Das Dreisatz-Rechnen ist ein Verhältnisrechnen.

Verschiedene Größen stehen oftmals in einem bestimmten Verhältnis zueinander.

So kostet beispielsweise eine bestimmte Anzahl von Produkten einen ganz bestimmten Preis. Oder, abhängig vom täglichen Materialverbrauch, reicht ein Vorrat eine ganz bestimmte Zeit.

Es werden **direkter** und **indirekter Dreisatz** unterschieden.

7.1. Einfacher Dreisatz

7.1.1. Direkter Dreisatz

Beispiel 1: 10 Eier kosten 3,20 €. Wie viel kosten 6 Eier?

Merkmal des direkten Dreisatzes:
Weniger Eier kosten weniger Geld.
Weniger zu weniger.

Beispiel 2: 3 Maschinen stellen 3.000 Werkstücke her.
Wie viel Werkstücke werden von 4 Maschinen hergestellt?

Merkmal des direkten Dreisatzes:
Mehr Maschinen schaffen mehr Werkstücke.
Mehr zu mehr.

Halten Sie zur Berechnung eines Dreisatzes folgende Arbeitsschritte ein:

1. **Ansatz aufstellen:**

   Finden Sie die zusammengehörenden Zahlenpaare. Zwei bekannte Größen bilden ein Paar; eine dritte Größe bildet mit der unbekannten Zahl x ein Paar.

10 Eier	≙	3,20 €	3 Maschinen	≙	3.000 Werkstücke
6 Eier	≙	x €	4 Maschinen	≙	x Werkstücke

Im Ansatz müssen stets die Zahlen mit der gleichen Maßeinheit untereinander stehen.

2. Gleichung aufstellen und x berechnen:

Die beiden Zahlen, die sich kreuzweise gegenüber stehen, werden miteinander malgenommen und durch die restliche dritte Zahl wird geteilt.

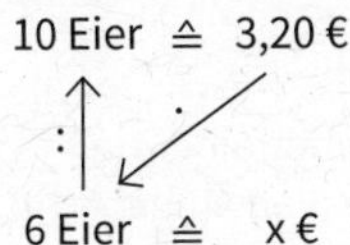

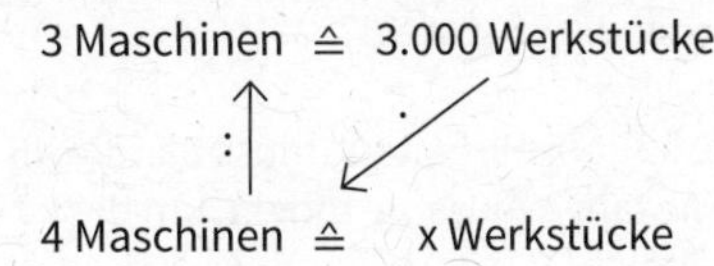

$$x = \frac{3{,}20\text{ €} \cdot 6\text{ Eier}}{10\text{ Eier}}$$

$$x = \frac{3.000\text{ Werkstücke} \cdot 4\text{ Maschinen}}{3\text{ Maschinen}}$$

x = 1,92 €

x = 4.000 Werkstücke

3. Antwortsatz:

6 Eier kosten 1,92 €.

4 Maschinen fertigen 4.000 Werkstücke.

Lösen Sie folgende Aufgaben nach dem oben aufgezeigten Schema! Rechnen Sie stets mit den gleichen Maßeinheiten!

1. Der Kasten Saft mit 6 Flaschen kostet 12,30 €. Wie viel kosten 5 Flaschen Saft?

2. Für 6 Personen plant der Koch 1,2 kg Braten ein. Wie viel kg Braten muss er bei 11 Personen einplanen?

3. Ein 1,5 kg Netz Orangen kostet 3,74 €. Berechnen Sie den Preis für 800 g Orangen!

4. Chloés Auto verbraucht pro 100 km durchschnittlich 6 Liter Benzin. Wie hoch ist der Benzinverbrauch auf einer Strecke von 730 km?

5. Ein Arbeiter verdient bei einer wöchentlichen Arbeitszeit von 35 Stunden 542,50 € pro Woche. Wie hoch wäre der Wochenlohn bei einer Arbeitszeit von 40 Stunden?

6. Für das Tapezieren von 56 m^2 benötigt Tina 8 Stunden. Wie lange braucht sie dann noch für eine Fläche von 43 m^2?

7. Das Menü für 14 Gäste kostet 532,00 €. Es kommen 2 Gäste mehr als erwartet. Berechnen Sie die Kosten neu!

8. Für 0,7 l Rotwein sind 4,79 € zu bezahlen. Berechnen Sie den Literpreis!

9. Zum Nähen von zwei Hosen braucht Sabine 9 Stunden. Berechnen Sie die Arbeitszeit für die Anfertigung von 5 Hosen!

10. 100 g Schokolade haben einen Energiegehalt von 2.300 kJ. Wie viel kJ hat eine Tafel Schokolade, die 75 g wiegt?

11. Um 1.000 kJ „abzuarbeiten“ muss Sandra 45 Minuten auf dem Hometrainer trainieren. Wie lange muss sie radeln, um die kJ der Tafel Schokolade (von Aufgabe 10) abzuarbeiten?

12. Berücksichtigt man den Schankverlust, können aus einem 200 Liter Fass 475 Gläser Bier zu je 0,4 l ausgeschenkt werden. Wie viel ganze Gläser Bier ergibt ein Fass mit 150 l Inhalt?

7.1.2. Indirekter Dreisatz

Beispiel 1: Der Wasservorrat reicht 10 Tage, wenn jeder täglich 3 Flaschen Wasser trinkt. Wie lange reicht der Vorrat, wenn jeder täglich 5 Flaschen Wasser trinkt?

Merkmal des indirekten Dreisatzes:
Trinkt man mehr Flaschen pro Tag, reicht der Vorrat weniger Tage.
Mehr zu weniger.

Beispiel 2: Wenn 40 Personen am Ausflug teilnehmen, kostet der Bus pro Person 18,00 €. Wie viel € kostet der Bus pro Person, wenn nur 35 Personen mitfahren?

Merkmal des indirekten Dreisatzes:
Teilen sich weniger Personen den Fahrpreis, kostet es mehr Geld.
Weniger zu mehr.

Beim **indirekten Dreisatz** wird es **auf einer Seite mehr** und **auf der anderen Seite weniger.**

Halten Sie für die Berechnung des indirekten Dreisatzes folgende Arbeitsschritte ein:

1. **Ansatz aufstellen:**

   Finden Sie auch hier wieder die zusammengehörenden Zahlenpaare.

3 Flaschen ≙ 10 Tage 5 Flaschen ≙ x Tage	40 Personen ≙ 18,00 € 35 Personen ≙ x €

Im Ansatz müssen wieder die Zahlen mit der gleichen Maßeinheit untereinander stehen.

2. **Gleichung aufstellen und x berechnen:**

   Die beiden Zahlen, die auf einer Zeile stehen, werden miteinander mal genommen und durch die dritte Zahl geteilt.

3 Flaschen ≙ 10 Tage (· ←, : ↓) 5 Flaschen ≙ x Tage	40 Personen ≙ 18,00 € (· ←, : ↓) 35 Personen ≙ x €
$x = \frac{10\ \text{Tage} \cdot 3\ \text{Flaschen}}{5\ \text{Flaschen}}$	$x = \frac{18{,}00\ € \cdot 40\ \text{Personen}}{35\ \text{Personen}}$
x = 6 Tage	**x = 20,57 €**

3. **Antwortsatz:**

Der Vorrat reicht dann nur 6 Tage.	Die Reisekosten betragen dann pro Person 20,57 €.

Der Dreisatz

Lösen Sie folgende Aufgaben entsprechend der Lösungsvorschrift!

1. Für eine Schaufensterdekoration benötigen 2 Dekorateure 4 Stunden. Wie viel Zeit ist einzuplanen, wenn ein dritter Dekorateur mithilft?

2. Herr Richter benötigt für die Heimfahrt 25 Minuten, wenn er durchschnittlich 60 km/h fährt. Wie lange braucht er, wenn die Durchschnittsgeschwindigkeit 80 km/h beträgt?

3. Wenn Kim im Urlaub täglich 30 € ausgibt, reicht sein Geld 10 Tage. Wie viel Tage würde es reichen, wenn er täglich nur 20 € ausgibt?

4. Fünf Hotelmitarbeiter reinigen die Hotelzimmer in 8 Stunden.
   a) Wie lange brauchen sie, wenn 1 Hotelmitarbeiter wegen Krankheit ausfällt?
   b) Wie viel Überstunden muss dann jeder Hotelmitarbeiter machen?

5. Ein 7,5 t Lkw muss zum Abtransport des Erdreichs 14-mal fahren. Wie oft müsste ein 12 t Lkw fahren?

6. Für 8 Personen reicht der Wasservorrat 12 Tage. Wie lange reicht der Wasservorrat, wenn 10 Personen davon trinken?

7. Aus einem Bierfass werden 173 Gläser zu 0,5 l gezapft. Wie viel Gläser zu 0,4 l könnte man aus einem gleichgroßen Fass zapfen?

8. Bei einer Arbeitsbreite von 40 cm muss der Hausmeister mit dem Rasenmäher 56-mal hin und her fahren. Wie oft muss er fahren, wenn der Rasenmäher eine Arbeitsbreite von 60 cm hat?

9. Der Vorrat an Heizöl reicht 56 Tage, wenn täglich 15 Liter Öl verbraucht werden. Wie lange reicht der Vorrat, wenn täglich 20 Liter Öl verbraucht werden?

10. 4 Maschinen brauchen für die Herstellung von 2.800 Werkstücken 3,5 Stunden. Eine Maschine fällt wegen eines Defektes aus. Wie lange brauchen die verbleibenden Maschinen für die Herstellung der Werkstücke?

7.1.3. Gemischte Aufgaben

Entscheiden Sie nun selbst, ob es sich um einen direkten oder indirekten Dreisatz handelt.

Schreiben Sie immer erst den Ansatz auf. **Überlegen Sie genau**, um welchen Dreisatz es sich handelt, **bevor Sie losrechnen!**

1. Für eine Reise nach London möchten Sie Geld umtauschen. Für 100 Euro bekommen Sie je nach Tageskurs ca. 88 Englische Pfund (GBP). Wie viel Euro müssen Sie umtauschen, wenn Sie 400 Englische Pfund mitnehmen möchten?

2. Der Teppichboden für ein 26,6 m^2 großes Zimmer kostet 238,07 €. Der gleiche Teppichboden soll in einem zweiten Raum, der 14,35 m^2 groß ist, ausgelegt werden.

   a) Wie viel kostet der Teppichbelag für das 2. Zimmer?

   b) Berechnen Sie den Preis für beide Zimmer!

3. Im Zimmer befinden sich 3 LED-Lampen mit jeweils 20 W Leistung. Diese 20-Watt-LED-Lampen sollen durch schwächere 15-Watt-LED-Lampen ersetzt werden. Die Leistung insgesamt soll jedoch gleich bleiben. Wie viele LED-Lampen zu je 15 W müssten dann im Zimmer sein?

4. Im I. Quartal verbrauchte Familie García 624 kWh Strom und bezahlt dafür 182,81 €. Berechnen Sie die Stromkosten für das II. Quartal, wenn der Stromverbrauch nur 586 kWh betrug.

5. Kurt braucht zum Verteilen seiner 500 Werbeprospekte 2,5 Stunden. Wie lange dauert das Verteilen, wenn ihm seine beiden Freunde helfen und jeder einen Teil der Tour übernimmt?

6. 100 g Lachsschinken enthalten durchschnittlich 411 kJ. Welchen Energiegehalt hat eine Scheibe Lachsschinken, wenn diese 12,5 g wiegt?

7. Eine 6 kg Trommel Waschpulver reicht für 56 Waschgänge. Wie viel Wäschen sind mit einem 1,35 kg Paket Waschpulver möglich?

8. In einer Schule werden im Winter täglich 500 l Heizöl verbraucht. Der Vorrat reicht dann 162 Tage.

   a) Wie lange reicht der Vorrat, wenn bei starker Kälte täglich 600 l Heizöl verbraucht werden?

   b) Wie viel Liter dürfen täglich höchstens verheizt werden, wenn der Vorrat 180 Tage reichen soll?

9. 3 Arbeiter verdienen zusammen 8.010,00 € monatlich. Wie viel Lohn muss an 5 Arbeiter gezahlt werden?

10. Ein Rezept für die Zubereitung von Eierkuchen für 4 Personen lautet:

    ¾ l Milch, 300 g Mehl, 4 Eier, Salz

    Berechnen Sie die Menge der Zutaten für 7 Personen!

7.2. Zusammengesetzter Dreisatz

Im Gegensatz zum einfachen Dreisatz stehen beim zusammengesetzten Dreisatz mehr als zwei Größen in einem bestimmten Verhältnis.

Einen zusammengesetzten Dreisatz erkennen Sie also daran, dass zur Berechnung der Größe x nicht nur 3 Zahlen, sondern 5 oder sogar noch mehr Zahlen erforderlich sind.

Beispiel:

5 Köche bereiten ein Menü für 90 Personen in 6 Stunden zu. Wie lange brauchen 2 Köche für ein Menü für 30 Personen?

1. Ansatz:

5 Köche ≙ 90 Personen ≙ 6 Std.
2 Köche ≙ 30 Personen ≙ x Std.

2. Gleichung aufstellen:

Decken Sie nacheinander die bekannten Teile des Ansatzes ab und stellen Sie die Gleichung (in mehreren Schritten) auf.

1. Teil:

90 Personen ≙ 6 Std.
30 Personen ≙ x Std.
(weniger zu weniger) ▹ *direkter Dreisatz*

$$x = \frac{6 \text{ Std.} \cdot 30 \text{ Personen}}{90 \text{ Personen}}$$

Rechnen Sie die Gleichung noch nicht aus!

2. Teil:

5 Köche		≙	6 Std.
2 Köche		≙	x Std.
(weniger		*zu*	*mehr)*

▷ *indirekter Dreisatz*

Schreiben Sie die Gleichung vom 1. Teil weiter!

Da die 6 Stunden bereits im 1. Teil der Gleichung erfasst worden sind, werden sie im 2. Teil der Gleichung nicht noch einmal aufgeschrieben.

$$x = \frac{6\text{ Std.} \cdot 30\text{ Personen} \cdot 5\text{ Köche}}{90\text{ Personen} \cdot 2\text{ Köche}}$$

Rechnen Sie jetzt erst aus!

Die Reihenfolge, in der Sie die Zahlen eingeben ist nicht wichtig, da es ausschließlich Punktrechnung ist. Sie müssen jedoch **alle Werte**, **die unter dem Bruchstrich** stehen, **„geteilt durch"** rechnen.

(Also: 6 mal 30 mal 5 durch 90 durch 2)

x = 5 Stunden

3. Antwortsatz:

2 Köche brauchen für ein Menü für 30 Personen 5 Stunden.

Lösen Sie folgende Aufgaben in der oben aufgeführten Rechenweise!

1. 4 Automaten fertigen in 3 Stunden 2.400 Werkstücke. Wie viel Werkstücke werden von 5 Automaten in 2 Stunden hergestellt?

2. 3 Köche stellen in 4,5 Stunden ein Büfett für 50 Gäste zusammen. Wie viel Zeit muss eingeplant werden, wenn 4 Köche ein Essen für 75 Personen zubereiten sollen?

3. Für 7 Arbeitskräfte zahlt der Arbeitgeber für 2 Wochen Arbeit 9.380,00 €. Wie viel Lohn muss er zahlen, wenn 5 Arbeitskräfte 4 Wochen für ihn arbeiten?

4. Aus einem 200 Liter Fass Bier können 392 Gläser zu je 0,5 l gezapft werden. Wie viel Gläser zu je 0,3 l können aus einem 250 Liter Fass gezapft werden? Runden Sie auf ganze Gläser ab!

5. In der Pferdepension wird der Futterbedarf kalkuliert. 8 Tiere fressen in 4 Wochen 2,24 t Futtermischung. Wie viel Futter ist für 6 Wochen einzuplanen, wenn noch 3 Tiere dazu kommen?

6. Eine Eisenstange hat einen Durchmesser von 25 mm, eine Länge von 1,20 m und ein Gewicht von 4,6 kg. Wie schwer ist eine andere Eisenstange, die 30 mm stark und 90 cm lang ist?

7. Drei Näher*innen fertigen in 6 Stunden 27 Hosen. Wie lange brauchen 5 Näher*innen zum Anfertigen von 40 Hosen?

8. 28 Gäste eines Hotels verbrauchen in 14 Tagen 235 kg Gemüse. Wie viel Gemüse muss für 15 Gäste eingeplant werden, die 10 Tage im Hotel bleiben?

9. Eine Werbeanzeige in einer Zeitung, dreispaltig und 138 mm breit, kostet 463,00 €. Wie viel kostet eine Anzeige, die vierspaltig und 185 mm breit ist?

8. Prozentrechnen

Prozent bedeutet „von Hundert".

$$1\,\% = \frac{1}{100} \text{ vom Ganzen}$$

Da sich alles auf 100 Einheiten bezieht, können mit Hilfe von Prozentangaben schnell und einfach Vergleiche vorgenommen werden.

Beim Rechnen mit Prozenten sind folgende Größen wichtig:

Grundwert	**Prozentwert**	**Prozentsatz**
Gw	Pw	Ps
▿	▿	▿
Von 780 Schülern	sind 351 Mädchen.	Das sind 45 % aller Schüler.
Der Grundwert Gw ist das Ganze (= 100 %).	Der Prozentwert Pw ist ein bestimmter Teil vom Ganzen.	Der Prozentsatz Ps ist ein Teil des Ganzen in Prozent.

Grundwert und Prozentwert haben immer die gleiche Maßeinheit.
Den Prozentsatz erkennen Sie an der Einheit „%".

Es kann folgende Beziehung zwischen den Größen aufgestellt werden:

Gw ≙ 100 %
Pw ≙ Ps

Da das **Prozentrechnen nach dem** Prinzip des **direkten Dreisatzes** erfolgt, können Sie mit Hilfe dieses Ansatzes alle erforderlichen Formeln zur Berechnung von einer der drei Größen aufstellen.

Gw ≙ 100 %

Pw ≙ Ps

$$Gw = \frac{Pw \cdot 100}{Ps} \qquad Pw = \frac{Gw \cdot Ps}{100} \qquad Ps = \frac{100 \cdot Pw \cdot 100}{Gw}$$

Es gibt eine Reihe von Prozentsätzen, die man auch gut in Form eines Bruches darstellen kann.

Prozentrechnen

1. Ergänzen Sie die Übersicht mit den gebräuchlichsten Prozentsätzen!

Prozentsatz	**als Bruch**	**in Worten**	**zeichnerische Darstellung**
50 %	$\frac{50}{100} = \frac{1}{2}$	die Hälfte	
25 %	$\frac{25}{100} = ?$	ein Viertel	
75 %	$? = \frac{3}{4}$	?	
10 %	? = ?	?	
33,3 %	$\frac{33{,}3}{100} = \frac{333}{1.000} = \frac{1}{3}$	?	
66,6 %	? = ?	zwei Drittel	

2. Treibhausgase tragen zum Treibhauseffekt bei und führen somit zur globalen Erwärmung. Zu den Treibhausgasen zählt man Kohlendioxid (CO_2), Methan (CH_4), Lachgas (N_2O) und fluorierte Treibhausgase (F-Gase). Die Treibhausgasemission im Jahr 2019 betrug insgesamt 810 Mio. t (CO_2-Äquivalent).

Werten Sie die Grafik aus! Verwenden Sie ein Lineal zum Messen.

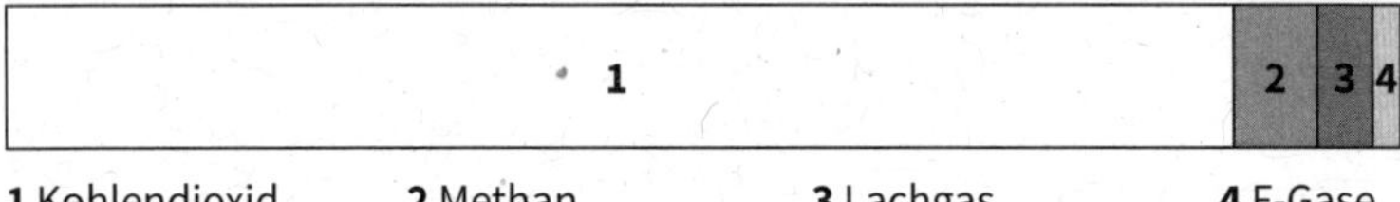

1 Kohlendioxid **2** Methan **3** Lachgas **4** F-Gase

Treibhausgasemission 2019 in Deutschland
(Quelle Umweltbundesamt, Werte zur besseren Darstellung angepasst)

Wie viel Prozent der gesamten Treibhausgase in Deutschland waren im Jahr 2019

a) Kohlendioxid?

b) Methan?

c) Lachgas?

d) F-Gase?

8.1. Prozentwert

Der Prozentwert Pw ist ein Teil vom Ganzen. Er hat stets die gleiche Maßeinheit wie der Grundwert.

Formel zur Berechnung des Prozentwertes:

Gw ≙ 100 %
Pw ≙ Ps

$$Pw = \frac{Gw \cdot Ps}{100}$$

1. Ein Eimer Farbe kostet 75,80 €. Es wurde eine Preiserhöhung von 4 % angekündigt. Um wie viel € wird das Fass teurer?

2. Ein Haus hat einen Wert von 245.000 €. Für die Feuerversicherung muss der Eigentümer 2,3 % Beitrag an die Versicherung zahlen. Wie hoch ist der Versicherungsbeitrag?

3. Sonnenblumenkerne enthalten durchschnittlich 40 % Öl. Wie viel kg Öl können aus 10 t Sonnenblumenkerne gepresst werden?

4. Marie-Luise kauft sich einen Fernseher im Wert von 510,00 €. Da es sich um ein Auslaufmodell handelt, erhält sie 15 % Rabatt. Wie viel muss sie weniger bezahlen?

5. Die Reparatur seines Autos kostet Steve 298,35 € zuzüglich 19 % MwSt. Wie viel € sind an Mehrwertsteuer zu bezahlen?

6. Schweinefleisch hat einen Bratverlust von 35 %. Wie viel geht beim Braten von 1.700 g Schweinefleisch an Gewicht verloren?

7. Eine Verkäuferin wird am Umsatz mit 2 % Provision beteiligt. Berechnen Sie die Höhe der Provision, wenn sie Waren im Wert von 1.845,00 € verkauft hat!

8. Vollmilch hat einen Fettgehalt von 3,5 %. Berechnen Sie den Fettanteil in Gramm von einem Liter Milch!

9. In einigen Ländern richtet sich in Restaurants die Höhe des Trinkgeldes nach der Höhe der Rechnung. In Griechenland gibt man etwa 10 % des Rechnungsbetrages. Wie viel € geben Sie demnach bei einer Rechnung über 24,80 €? Runden Sie sinnvoll!

10. Corinna plant, von ihren 825,00 € Ausbildungsvergütung nicht mehr als 15 % für Kleidung auszugeben. Berechnen Sie den maximalen Betrag, den sie für Kleidung ausgeben kann!

8.2. Prozentsatz

Der Prozentsatz Ps ist ein Teil des Ganzen in Prozent. Er entspricht dem Prozentwert.

Formel zur Berechnung des Prozentsatzes:

Gw ≙ 100 %
Pw ≙ Ps

$$Ps = \frac{Pw \cdot 100}{Gw}$$

1. Eine Gartenbank kostet 148,00 €. Im Sonderangebot zum Saisonausklang verlangt der Händler nur noch 118,40 €. Um wie viel Prozent ist der Preis gesenkt worden?

2. Der Mietpreis für eine Ferienwohnung beträgt in der Hauptsaison 648,00 € pro Woche. In der Nebensaison verlangt der Vermieter nur 530,00 €. Wie viel Prozent ist die Ferienwohnung in der Nebensaison günstiger?

3. In einem Kaufhaus werden täglich Waren im Wert von 405.000,00 € verkauft. Davon sind 72.500,00 € aus der Abteilung „Young Fashion". Wie viel Prozent sind das?

4. Eine Jeans, die bisher 89,00 € gekostet hat, wird nun für 93,45 € angeboten. Berechnen Sie die Preiserhöhung in Prozent!

5. Im Schwimmbad befinden sich zurzeit 46 Personen. 12 davon sind Männer, 19 sind Frauen und der Rest sind Kinder. Berechnen Sie die Anteile der Personengruppen in Prozent!

6. Kerem verdiente bisher 2.840,00 €. Da der Chef mit ihm sehr zufrieden ist, erhöht er den Lohn auf 2.982,00 €. Wie viel Prozent mehr Lohn bekommt Kerem?

7. Sylke kauft sich ein neues Auto für 19.990,00 €. Da sie bar bezahlt, erhält sie 599,70 € Skonto. Wie viel Prozent sind das?

8. Ein Bauernhof, der Öko-Produkte herstellt und verkauft, konnte wegen der guten Nachfrage seinen Umsatz von 135.700 € im vergangenen Jahr auf 140.650 € in diesem Jahr steigern. Berechnen Sie die prozentuale Umsatzsteigerung!

9. Ein Lottogewinner will von seinem 980.740 € Gewinn einem Kinderheim 25.000 € schenken. Wie viel Prozent vom gesamten Gewinn sind das? Runden Sie auf eine Stelle nach dem Komma!

10. Von den 10.500 Werkstücken, die hergestellt wurden, waren 315 Ausschuss. Wie viel Prozent sind das?

8.3. Grundwert

Der Grundwert ist stets das Ganze. Er entspricht damit 100 %.

Formel zur Berechnung des Grundwertes:

Gw ≙ 100 %
Pw ≙ Ps

$$Gw = \frac{Pw \cdot 100}{Ps}$$

1. Ein Möbelstück wird bei einer Sonder-Verkaufsaktion 40 % unter dem Neupreis verkauft. Das entspricht einer Ersparnis von 160,00 €. Wie viel hat das Möbelstück ursprünglich gekostet?

2. Ihre Monatsmiete soll um 48 € erhöht werden. Das entspricht 5 %. Berechnen Sie die alte Miete!

3. Amina ist Azubi im 2. Ausbildungsjahr. Sie bekommt 129,60 € mehr als im 1. Ausbildungsjahr. Das entspricht einer Steigerung von 18 %.

   a) Wie viel bekam sie im 1. Ausbildungsjahr?

   b) Wie viel bekommt sie nun im 2. Ausbildungsjahr?

4. Bei Tarifverhandlungen wurde eine Lohnerhöhung von 4,5 % vereinbart. Ein Arbeiter verdient damit 1,27 €/Stunde mehr. Wie hoch war sein Stundenlohn vorher?

5. Frau Flora, Inhaberin eines Floristikfachgeschäftes, möchte eine Rechnung bezahlen. Auf der Rechnung steht: Bei Zahlung innerhalb von 7 Tagen können 2 % Skonto (Abzug bei frühzeitiger Zahlung) abgezogen werden. Frau Flora zahlt innerhalb dieser Frist und überweist 296,94 €. Ermitteln Sie den Rechnungsbetrag!

6. Für die Feuerversicherung zahlt der Eigentümer eines Geschäftshauses 3.950 € Versicherungsbeitrag. Das sind 2,5 % des Gebäudewertes. Welchen Wert hat das Haus?

Prozentrechnen

Es ist durchaus möglich, dass Aufgaben zu lösen sind, bei denen ein Wert zu berechnen ist, der durch Vermehren oder Vermindern aus dem Grundwert hervorgeht.

Man spricht dann von einem ***vermehrten*** *bzw. einem* ***verminderten Wert.***

(über 100 %)			(unter 100 %)		
= vermehrter Wert	125 %	↑	Grundwert	100 %	↓
+ Prozentwert	25 %		− Prozentwert	25 %	
Grundwert	100 %		= verminderter Wert	75 %	

Beispiele:

Eine Ware wird um 25 % teurer und kostet jetzt 25,00 €. Berechnen Sie den alten Preis!

125 % ≙ 25,00 €
100 % ≙ x €

$$x = \frac{25{,}00\text{ €} \cdot 100\ \%}{125\ \%}$$

x = 20,00 €

Der alte Preis war 20,00 €.

Eine Ware wird um 25 % billiger und kostet nun 12,00 €. Berechnen Sie den alten Preis!

75 % ≙ 12,00 €
100 % ≙ x €

$$x = \frac{12{,}00\text{ €} \cdot 100\ \%}{75\ \%}$$

x = 16,00 €

Der alte Preis war 16,00 €.

7. Eine Ware wird um 10 % teurer und kostet jetzt 82,50 €. Berechnen Sie den alten Preis!

8. Eine Ware wird um 25 % billiger und kostet jetzt 45,00 €. Wie viel hat sie vorher gekostet?

9. Ein Kunde kann von seiner Rechnung 15 % Rabatt abziehen und bezahlt nun nur noch 382,50 €. Ermitteln Sie den ursprünglichen Rechnungsbetrag!

10. Der Preis für eine Urlaubsreise zu 827,00 € wurde um 5 % erhöht.

a) Wie viel beträgt der neue Preis?

b) Wie viel € beträgt die Erhöhung?

11. Im Sonderverkauf wird der Preis einer Jacke um 25 % auf 90 € herabgesetzt. Wie hoch war der Preis vorher?

12. Ein Geselle erhält 7 % Lohnerhöhung und verdient nun monatlich 2.996,00 €. Wie hoch war sein Monatslohn vorher?

13. Ein Kleinwagen kostet zuzüglich 19 % Mehrwertsteuer 18.067,00 €. Berechnen Sie den Preis ohne Mehrwertsteuer!

8.4. Gemischte Aufgaben

Entscheiden Sie nun selbst, was gegeben und was gesucht ist. Das Aufstellen eines Ansatzes hilft Ihnen bei der Berechnung.

Achtung! Es geht querbeet durch die Prozentrechnung!

1. Beim Kauf eines Autos bezahlt man 19 % Mehrwertsteuer. Das entspricht bei Stephanies neuem Auto 4.436,50 €.

Berechnen Sie:

a) den Preis des Autos ohne die Mehrwertsteuer

b) den Preis des Autos mit Mehrwertsteuer!

2. In einem Sportgeschäft kostet ein Jogginganzug 105,00 €. In einem anderen Geschäft kostet der gleiche Anzug 112,75 €. Um wie viel Prozent ist der Jogginganzug im 2. Geschäft teurer? Runden Sie das Ergebnis auf eine Stelle nach dem Komma!

3. Katharina verdient monatlich 2.880,00 €. Davon werden 271,33 € Lohnsteuer abgezogen. Wie viel Prozent sind das?

4. Die Miete wurde auf 112 % erhöht. Sie beträgt jetzt 879,00 €.

Berechnen Sie:

a) die alte Miete

b) die Mieterhöhung in €!

5. Eine Verkäuferin hatte ein monatliches Gehalt von 2.760,00 €. Sie erhält eine Gehaltserhöhung von 3 %. Wie hoch ist das neue Gehalt?

6. Ein Geschäft wirbt im Ausverkauf „Heute alles 25 % billiger!“ Wie viel müssen Sie für einen Mantel bezahlen, der ursprünglich 135,00 € gekostet hat?

7. Für seine neue Ski-Ausrüstung, die komplett 1.350,00 € kostet, fehlen Erik noch 475,00 €.

a) Wie viel Prozent fehlen ihm noch zum gesamten Betrag?

b) Wie viel Prozent hat er schon angespart?

8. Von den 14 360 Einwohnern der Stadt benutzen 975 regelmäßig das Hallenbad.
Wie viel Prozent der Bevölkerung sind das? Runden Sie das Ergebnis auf eine Stelle nach dem Komma!

9. Bei einer landesweiten Pkw-Kontrolle wurden 3 000 Fahrzeuge überprüft.
Gegen 58 Fahrzeuginhaber wurde ein Bußgeld verhängt. Wie viel Prozent waren das?

10. Butter enthält 83 % Fett und 15 % Wasser. Berechnen Sie die Menge Fett und Wasser, die ein Stück Butter zu 250 g enthält.

9. Zinsrechnen

Leihen Sie sich bei Banken, Sparkassen usw. Geld (Kapital), müssen Sie für die Überlassung des Geldes Zinsen zahlen. Umgekehrt ist es ebenso: Überlassen Sie Ihr Geld der Sparkasse oder Bank (z. B. auf einem Sparbuch), erhalten Sie dafür von Ihrer Bank Zinsen.

Für die Zinsrechnung gibt es einige Dinge zu beachten:

1. Das **Kapital** ist die Summe die geliehen bzw. angelegt wird = der **Grundwert**
2. Die **Zinsen** sind die Leihgebühr für die Überlassung des Geldes = der **Prozentwert**
3. Der **Zinssatz** gibt an, zu wie viel Prozent das Kapital verliehen wird = **Prozentsatz**
4. Die **Laufzeit** ist die Zeit, für die das Geld verliehen wird. Das **Zinsjahr** hat **360 Tage**. Jeder **Zinsmonat** wird mit **30 Tagen** gerechnet. Fällt das Ende oder der Beginn einer Frist auf den 28. oder 29. Februar, so wird taggenau gerechnet.

Folgende Größen unterscheidet man bei der Zinsrechnung:

Kapital (K)	in €
Zinssatz (p)	in %
Zeit (t)	in Jahren, Monaten oder Tagen
Zinsen (Z)	in €

Sind drei dieser vier Größen bekannt, kann die vierte Größe errechnet werden.

Es gilt die Formel: $$\textbf{Zinsen} = \frac{\textbf{Kapital} \cdot \textbf{Zinssatz} \cdot \textbf{Zeit}}{\textbf{100 \%}}$$

Diese „Eselsbrücke" hilft Ihnen vielleicht, sich die Formel einzuprägen.

Um bei der Bank **Z**insen zu bekommen braucht man **K**a **p**i **t**al.

$$\mathbf{Z} = \frac{\mathbf{K} \cdot \mathbf{p} \cdot \mathbf{t}}{100\,\%}$$

Zinsrechnen

Berechnen Sie die Zinsen entsprechend der Laufzeit!

1. 2.000,00 € werden für 1 Jahr mit 1,25 % verzinst. Wie hoch sind die Zinsen?

2. Für die Zeit von 3 Jahren werden 10.000,00 € auf einem Konto fest angelegt. Berechnen Sie die Zinsen (ohne Zinseszins) und die Summe, die nach den 3 Jahren auf dem Konto ist, wenn der Zinssatz 3,05 % beträgt!

3. Sophie leiht sich für die Dauer von 2 Jahren bei einem Geldinstitut 1.250,00 € zu einem Zinssatz von 5,25 %. Wie viel muss sie nach den 2 Jahren insgesamt zurückzahlen? (Der Zinseszins bleibt unberücksichtigt.)

4. Philipp leiht seinem besten Freund für die Dauer von einem Jahr 720,00 €. Auf wie viel € belaufen sich die Zinsen bei einem Zinssatz von 2,5 %?

9.1. Ermittlung der Laufzeit (Zinstage)

Geld wird nicht immer für ganze Jahre verliehen bzw. angelegt, sondern mitunter nur Monate oder Tage. Aus diesem Grund sollten Sie in der Lage sein, die Laufzeit in Tagen berechnen zu können.

Jeder Monat hat bei der Zinsrechnung 30 Tage, auch der Februar!

Die Laufzeit kann unterschiedlich berechnet werden. Folgende Variante ist recht günstig:

Ergänzen Sie den ersten Monat, bis auf 30 Tage. Merken Sie sich diese Zahl. Zählen Sie dann die weiteren vollen Monate und nehmen diese mal 30. Das Ergebnis zählen Sie zur ersten Zahl hinzu und addieren nun zum Schluss noch die Tage des letzten Monats. So errechnen Sie die Laufzeit in Tagen.

Beispiel:

23.01.2025 bis 15.08.2025
Im Januar fehlen noch **7 Tage** bis zum vollen Monat (30 − 23 = 7)
Februar bis Juli = 6 Monate ▹ 6 · 30 = **180 Tage**
Im August sind es **15 Tage** (bis 15.8.)

7 + 180 + 15 = 202 Tage

Die Laufzeit beträgt 202 Tage.

1. Rechnen Sie nun selbst!

a) 17.06. bis 10.12.
b) 29.01. bis 31.07.
c) 05.11. bis 21.05.
d) 15.07. bis 04.10.
e) 29.06. bis 18.04.
f) 26.09. bis 19.10.
g) 08.08. bis 24.12.
h) 13.02. bis 31.12.
i) 18.04. bis 14.10.

9.2. Berechnung der Zinsen

Meist wird nur mit Bruchteilen eines Jahres gerechnet (Monaten oder Tagen). Dann verwenden Sie diese Formeln:

Monatszinsen:

$$\text{Zinsen} = \frac{\text{Kapital} \cdot \text{Zinssatz} \cdot \text{Monate}}{100\,\% \cdot 12\ \text{Monate}}$$

Tageszinsen:

$$\text{Zinsen} = \frac{\text{Kapital} \cdot \text{Zinssatz} \cdot \text{Tage}}{100\,\% \cdot 360\ \text{Tage}}$$

Da nicht immer nur die Zinsen zu berechnen sind, sondern auch die Laufzeit, das Kapital bzw. der Zinssatz gesucht sein können, sollten Sie in der Lage sein, o. g. Formeln nach den gesuchten Größen umstellen zu können.

Aus der Formel $Z = \frac{K \cdot p \cdot t}{100\,\%}$

ergeben sich die folgenden weiteren Formeln:

$$K = \frac{Z \cdot 100\,\%}{p \cdot t} \qquad p = \frac{Z \cdot 100\,\%}{K \cdot t} \qquad t = \frac{Z \cdot 100\,\%}{K \cdot p}$$

Sind wieder nur Bruchteile eines Jahres zu berechnen, kommt stets gegenüber der Zeit t auf die andere Seite des Bruchstriches die 12 (bei Monaten) bzw. 360 (bei Tagen).

Beispiel:

$$K = \frac{Z \cdot 100\,\% \cdot 360\ \text{Tage}}{p \cdot t} \qquad p = \frac{Z \cdot 100\,\% \cdot 12\ \text{Monate}}{K \cdot t}$$

1. 3.450,00 € sind bei einem Zinssatz von 5,5 % für 3 Jahre ausgeliehen.
   a) Berechnen Sie den gesamten Zins ohne Zinseszins.
   b) Wie viel ist nach den 3 Jahren einschließlich der Zinsen zurückzuzahlen?

2. Susanne möchte für 9 Monate 10.000,00 € zu einem Zinssatz von 4,3 % fest anlegen. Wie hoch ist ihr Erspartes nach Ablauf der Zeit?

3. Tobias überzieht die Zahlungsfrist einer Rechnung über 587,65 € für 23 Tage. Der Gläubiger berechnet ihm dafür Verzugszinsen bei einem Zinssatz von 7,27 %.
   a) Wie viel Verzugszinsen muss er bezahlen?
   b) Wie hoch ist der Überweisungsbetrag für die Rechnung einschließlich der Verzugszinsen?

4. Für einen Kredit sollen 4,95 % Zinsen bezahlt werden. Wie hoch sind die Zinsen, wenn die Kredithöhe 63.000,00 € und die Laufzeit ein halbes Jahr beträgt?

5. Für ein ¾ Jahr sollen 4.500,00 € zu einem Zinssatz von 3,15 % angelegt werden. Berechnen Sie die Zinsen!

6. Sie beabsichtigen, für 150 Tage 25.000 € zu einem Zinssatz von 2,6 % anzulegen.
   a) Errechnen Sie die Zinsen für diesen Zeitraum!
   b) Über welche Gesamtsumme können Sie dann verfügen?

7. Anne muss für die Zeit vom 15.08. bis 07.09. ihren Dispo-Kredit in Höhe von 512,75 € in Anspruch nehmen. Wie viel Zinsen muss sie dafür bezahlen, wenn der Zinssatz bei 8,5 % liegt?

8. Anthony möchte vom 10.11. bis zum 30.09. des nächsten Jahres 750,00 € zu einem Zinssatz von 2,55 % fest anlegen. Wie viel Zinsen kann er erwarten?

9.3. Berechnung des Kapitals

Die Formel zur Berechnung des Kapitals können Sie auf Seite 72 nochmals nachlesen.

1. Welches Kapital bringt in 5 Jahren bei 2,9 % Zinsen in Höhe von 3.190 € ?
   (Der Zinseszins bleibt unberücksichtigt.)

2. Taro hat nach 10 Monaten Laufzeit und einem Zinssatz von 2,05 % Zinsen in Höhe von 85,42 € bekommen. Wie viel € hatte er angelegt? Runden Sie auf ganze Euro!

3. Christoph bezahlte eine Rechnung nicht fristgemäß und muss nun 3,45 € Verzugszinsen zahlen. Der Zinssatz liegt bei 7,5%, der Zahlungstermin wurde um 27 Tage überschritten. Wie hoch war die Rechnung?

4. Peter hatte vom 23.06. bis 19.11. ein Darlehen in Anspruch genommen. Der Zinssatz betrug 7,25%. Er musste 35,72 € Zinsen bezahlen. Wie hoch war das Darlehen?

5. Ein Kunde zahlt mit 45 Tagen Verspätung eine Rechnung. Die Verzugszinsen betragen 5,79 € bei einem Zinssatz von 4,4 %. Auf wie viel Euro belief sich der Rechnungsbetrag?

6. Ihre Bank zahlt Ihnen für ein angelegtes Kapital bei 1,3 %-iger Verzinsung 46,80 € Zinsen im Jahr. Wie viel € beträgt das Kapital?

7. Ein Handwerker nahm für die Zeit vom 28.01. bis 15.03. einen Kredit zu einem Zinssatz von 4,9 % auf. Bei der Rückzahlung des Darlehens zahlte er 159,93 € Zinsen.
   a) Für wie viel Tage wurde der Kredit aufgenommen?
   b) Wie viel Euro betrug der Kredit? Runden Sie auf ganze Euro!

8. Für ein Darlehen sind bei einem Zinssatz von 5 % pro Jahr 6.000,00 € Zinsen zu zahlen. Berechnen Sie die Kredithöhe!

9.4. Berechnung des Zinssatzes

Die Formel zur Berechnung des Zinssatzes p können Sie auf Seite 72 nochmals nachlesen.

1. Für ein Darlehen von 2.500,00 € müssen für ein Jahr 100,00 € Zinsen gezahlt werden. Wie viel Prozent beträgt der Zinssatz?

2. Iryna bezahlt eine Rechnung über 2.230,00 €, die am 13.07. fällig gewesen wäre, am 08.08. mit Verzugszinsen. Einschließlich der Zinsen überwies sie 2.236,97 €.

   a) Wie viel Tage hatte sie den Zahlungstermin überschritten?

   b) Wie viel € Zinsen musste Iryna zahlen?

   c) Wie viel Prozent wurden für die Verzugszinsen berechnet? Runden Sie das Ergebnis auf eine Stelle nach dem Komma!

3. Florian legte bei einer Bank am 05.06. ein Konto an und zahlte 7.350,00 € ein. Zum Jahresende hob er den gesamten Betrag, welcher inzwischen auf 7.471,38 € angewachsen war, einschließlich der Zinsen ab. Berechnen Sie den Zinssatz, zu dem Florian sein Geld angelegt hatte, auf zwei Kommastellen genau.

4. Wie hoch war der Zinssatz, wenn ein Kapital von 15.000 € in 100 Tagen 102,08 € Zinsen brachte? Runden Sie auf 2 Stellen nach dem Komma!

5. Am 26.09. haben Sie Ihr Konto um 73,05 € überzogen. Am 12.10. ist das Konto wieder ausgeglichen. Für die Überziehungszinsen berechnete Ihnen das Kreditinstitut 0,34 €. Wie hoch war der Zinssatz? Geben Sie das Ergebnis bis auf eine Kommastelle an!

9.5. Berechnung der Laufzeit

Die Formel zur Berechnung der Laufzeit t finden Sie auf Seite 72.

1. Wie viel Tage waren 900 € angelegt, wenn sie bei einem Zinssatz von 2,75 % 17,19 € Zinsen brachten? Runden Sie ggf. auf ganze Tage.

2. 15.000 € brachten bei einer Verzinsung von 2,8 % Zinsen in einer Höhe von 2.520,00 €. Berechnen Sie die Laufzeit in Jahren!

3. 1.850,00 € waren zu 6,5 % ausgeliehen und brachten 70,15 € Zinsen. Wie viele Tage war das Geld ausgeliehen?

4. Thorsten borgt sich von seinem Freund 150 €. Dieser verlangt 3 % Zinsen. Das sind 3,00 €.

   a) Wie viele Monate hatte sich Thorsten das Geld geborgt?

   b) Wann hatte er sich das Geld geliehen, wenn er das Darlehen am 15.10. zurück zahlt?

5. Ein Händler zahlte am 25.09. ein Darlehen in Höhe von 50.000 € zurück. Mit 9 % Zinsen war es eine Gesamtsumme von 51.437,50 €.

   a) Wie viel Zinsen hatte er zu bezahlen?

   b) Über welchen Zeitraum lief der Kredit (in Tagen)?

   c) Wann hatte er den Kredit aufgenommen?

9.6. Zinsrechnung – Querbeet

Wenden Sie Ihre Kenntnisse aus den vorherigen Abschnitten an! Lesen Sie sich die Aufgabenstellungen gründlich und in Ruhe durch!

Überlegen Sie dann: Was ist gegeben?
Was ist gesucht?
Welche Formel zur Berechnung ist die richtige?

1. Wie viel Zinsen bringt ein Kapital von 640,00 € bei einem Zinssatz von 2,75 % in einem Zeitraum von 5 Monaten?

2. Wie groß ist ein Kapital, das in der Zeit vom 21.05. bis 11.01. des folgenden Jahres bei einem Zinssatz von 2,8 % Zinsen von 186,04 € bringt? Runden Sie auf ganze Euro auf!

3. Wie viele Jahre waren 3.200 € angelegt, wenn sie 224 € Zinsen bei einem Zinssatz von 1,4 % brachten?

4. 6.550,00 € werden vom 28.03. bis 05.12. mit 3,05 % angelegt. Berechnen Sie die Zinsen!

5. Ein Kunde hat eine Rechnung über 215,00 € trotz Mahnung nicht bezahlt. Es werden für die Zeit vom 01.10. bis 23.12. 6 % Verzugszinsen verlangt.

a) Wie viel € betragen die Verzugszinsen?

b) Wie viel hat der Kunde insgesamt zu bezahlen?

6. 2.325,00 € waren zu 5 % ausgeliehen und brachten 27,45 € Zinsen. Wie viele Tage war das Geld ausgeliehen?

7. Für ein Darlehen über 12.500 € müssen für 3 Jahre 1.950,00 € Zinsen gezahlt werden. Wie hoch war der Zinssatz für dieses Darlehen?

8. Für den Kauf eines neuen Kleintransporters nimmt Herr Lindholm am 15.04. ein Darlehen zu 4,8 % bei seiner Bank auf. Er zahlt es am 29.10. zurück. Seine Bank berechnet ihm für den Kredit 633,73 € Zinsen. Wie viel € betrug sein Darlehen? Runden Sie auf ganze Euro.

9. 2.750 € bringen in 180 Tagen Laufzeit 30,94 € Zinsen. Berechnen Sie den Zinssatz! Runden Sie auf zwei Stellen nach dem Komma.

10. Cathleen leiht einer Bekannten für 4 Wochen 3.000,00 € für 5 % Zinsen.

a) Wie viel Zinsen muss die Bekannte bezahlen?

b) Wie viel € muss die Bekannte nach Ablauf der vier Wochen an Cathleen zurückzahlen?

Notizen

Lösungsteil

Inhalt Lösungsteil

1. Anwendung der Grundrechenarten

1. Addieren Sie die verkauften Kostproben des jeweiligen Bereiches.

Hauswirtschafter/innen
44 + 26 + 28 + 22 = 120 Stück

Köche
65 + 33 + 52 = 150 Stück

Die Hauswirtschafterinnen verkauften **120** Kostproben, die Köche **150**.

2. Addieren Sie alle Geldbeträge.

341,76 € + 48,29 € + 7,10 € + 50,00 € = 447,15 €
447,15 € > 445,00 €

Oliver kann sich den Laptop kaufen.

3. Addieren Sie alle Geldbeträge.

499,00 € + 25,00 € + 38,00 € + 65,00 € + 24,00 € = 651,00 €

Elif muss **651,00 €** bezahlen.

4. Rechnen Sie die Längen der Etappen 1 bis 4 zusammen. Ziehen Sie dieses Ergebnis dann von der Gesamtstrecke ab.

121 km + 109 km + 135 km + 129 km = 494 km
628 km − 494 km = 134 km

Die letzte Etappe ist **134 km** lang.

5. Soll eine Differenz ermittelt werden, subtrahieren Sie die kleinere Zahl von der größeren.

a) 2025 − 1405 = **620** Jahre

b) 44.217 Einw. − 2.720 Einw. = **41.497 Einw.**

6. Ziehen Sie vom alten Preis den neuen Preis ab.

Alter Preis	235,00 €
− neuer Preis	− 157,50 €
= Preissenkung (in €)	77,50 €

Die Preissenkung beträgt **77,50 €.**

7. 300,00 € + 1.300,00 € = 1.600,00 €
10.900 € − 1.600 € = 9.300 €

9.300,00 € müssen noch per Girocard bezahlt werden.

8. Multiplizieren Sie die Anzahl der Schritte mit der Schrittlänge!

8.312 Schritte · 0,65 m/Schritt = **5.402,8 m**

9. Berechnen Sie die Kosten für die einzelnen Zutaten (Menge mal kg-Preis bzw. Menge mal Stückpreis).
Runden Sie jeden Einzelpreis auf 2 Stellen nach dem Komma!

1,2 kg · 2,49 €/kg = 2,99 €
1,3 kg · 2,69 €/kg = 3,50 €
1,45 kg · 1,29 €/kg = 1,87 €
8 Stück · 0,69 €/Stk. = 5,52 €
1,5 kg · 5,98 €/kg = 8,97 €

Rechnen Sie die Kosten für die einzelnen Zutaten zusammen!

2,99 € + 3,50 € + 1,87 € + 5,52 € + 8,97 € = 22,85 €

Die Zutaten kosten **22,85 €.**

10. Rechnen Sie die Preise für die einzelnen Posten aus und addieren Sie diese dann!

	20 Stück · 0,89 €/Stück =	17,80 €
+	10 Stück · 0,65 €/Stück =	6,50 €
+	15 Stück · 0,97 €/Stück =	14,55 €
+	12 Stück · 0,95 €/Stück =	11,40 €
Gesamt	=	50,25 €

Die Rechnung stimmt nicht. **50,25 €** ist der Betrag, der zu bezahlen ist.

11. Teilen Sie den Gruppenpreis durch die 8 Personen!

64,00 € : 8 Personen = **8,00 €/Person**

Achten Sie darauf, dass die Einheiten rechts und links vom Gleichheitszeichen stets gleich sind!

(€ : Personen = €/Person)

Berechnen Sie die Ersparnis, indem Sie vom Einzelpreis den Gruppenpreis für eine Person abziehen!

10,00 € − 8,00 € = **2,00 € Ersparnis**

12. Gesucht ist Geld/Tag. (Der Bruchstrich „/“ bedeutet so viel wie „geteilt durch“)

Deshalb rechnen Sie: Geld geteilt durch Anzahl der Tage.
600,00 € : 14 Tage = **42,86 €/Tag**

13. Es ist der Preis pro Liter Heizöl gesucht.

Rechnen Sie: Preis geteilt durch Anzahl der Liter Heizöl.
1.969,51 € : 2.156 Liter = 0,9135 €/Liter
gerundet = **0,91 €/Liter**

14. Teilen Sie den Inhalt der Flasche durch den Inhalt eines Glases!
1,5 Liter : 0,25 Liter/Glas = **6 Gläser**

15. Rechnen Sie die Gramm in Kilogramm um!
20 g = 0,02 kg

Teilen Sie nun das Gesamtgewicht durch das Einzelgewicht!
4,340 kg : 0,02 kg/Brief = **217 Briefe**

16. Teilen Sie die Gesamtlänge durch die Länge für eine Bahn!
10 m : 2,70 m/Bahn = 3,7 Bahnen ≈ **3 Bahnen**

Praktisch gesehen, werden es hier nur 3 komplette Bahnen. Deshalb ist hier trotz der „7“ abzurunden!

17. Es sind $/km^2 gesucht. Deshalb muss Geld durch Fläche geteilt werden.
7.200.000 $: 1.500.000 km^2 = **4,80 $/km^2**

18. Multiplizieren Sie die Zahl der Flaschen mit dem jeweiligen Pfandgeld.
So erhalten Sie das Pfandgeld für die einzelnen Positionen.

17 Flaschen · 0,08 €/Flasche =	1,36 €
23 Flaschen · 0,15 €/Flasche =	3,45 €
+ 11 Flaschen · 0,25 €/Flasche =	2,75 €
	7,56 €

André erhält **7,56 € Pfandgeld**.

19. Ermitteln Sie die gesamte Wassermenge, die zu pumpen ist.
2.000 Liter + 300 Liter = 2.300 Liter

Teilen Sie die gesamte Wassermenge durch die Einzelmenge/Minute.
2300 Liter : 25 Liter/min = 92 Minuten

Wassertank und Tonne sind in **92 Minuten** geleert.

20. Durch Multiplizieren der Mengen der einzelnen Obstarten mit den entsprechenden kg-Preisen erhalten Sie die Preise für die einzelnen Positionen.

Rechnen Sie die Preise für die einzelnen Positionen zusammen. So erhalten Sie den Gesamtpreis.

125 kg · 2,64 €/kg = 330,00 €
120 kg · 2,29 €/kg = 274,80 €
140 kg · 1,29 €/kg = 180,60 €

330,00 € + 274,80 € + 180,60 € = 785,40 €

Die Rechnungssumme beträgt **785,40 €**.

21. Berechnen Sie die Anzahl der Zuschauer für Freitag, indem Sie die Zuschauerzahl vom Donnerstag mit 2 multiplizieren.

Berechnen Sie die Anzahl der Kinobesucher vom Samstag, indem Sie zum Ergebnis vom Freitag noch 32 hinzu zählen.

Rechnen Sie dann alle drei Zuschauerzahlen zusammen.

Donnerstag:	65 =	65 Zuschauer
Freitag:	2 · 65 =	130 Zuschauer
Samstag:	130 + 32 =	162 Zuschauer
		357 Zuschauer

An allen drei Tagen zusammen gingen **357 Zuschauer** ins Kino.

22. Errechnen Sie zuerst den Wasserverbrauch in m^3, indem Sie vom neuen Zählerstand den alten Zählerstand abziehen.

Multiplizieren Sie nun den Wasserverbrauch mit dem m^3-Preis!

$473{,}9\ m^3 - 354{,}3\ m^3 = 119{,}6\ m^3$
$119{,}6\ m^3 \cdot 1{,}91\ €/m^3 = 228{,}436\ € \approx 228{,}44\ €$

Der Rechnungsbetrag der Wasserrechnung ist **228,44 €**.

2. Bruchrechnen

2.1. Addition und Subtraktion

Gleichnamige Brüche haben den **gleichen Nenner.**

Sind zwei gleichnamige Zähler zu addieren, rechnen Sie nur **Zähler + Zähler.** Der **Nenner bleibt** gleich.

Sind gleichnamige Brüche zu subtrahieren, rechnen Sie nur **Zähler − Zähler.** Auch hier bleibt der **Nenner gleich.**

1. Addition bzw. Subtraktion gleichnamiger Brüche.
Schreiben Sie die Zähler auf einen gemeinsamen Bruchstrich. Berechnen Sie dann. Vereinfachen Sie zum Schluss das Ergebnis!

a) $\frac{3}{4} + \frac{8}{4} = \frac{3+8}{4} = \frac{11}{4} = \mathbf{2\frac{3}{4}}$

b) $\frac{2}{3} + \frac{4}{3} = \frac{2+4}{3} = \frac{6}{3} \overset{:3}{\underset{:3}{=}} \frac{2}{1} = \mathbf{2}$

c) $\frac{5}{10} - \frac{2}{10} = \frac{5-2}{10} = \mathbf{\frac{3}{10}}$

d) $\frac{12}{30} - \frac{8}{30} = \frac{12-8}{30} = \frac{4}{30} = \mathbf{\frac{2}{15}}$

2. Addition und Subtraktion ungleichnamiger Brüche.

Da ungleichnamige Brüche unterschiedliche Nenner haben, können sie nicht so einfach addiert oder subtrahiert werden. Man muss erst einen gemeinsamen Nenner finden. (Die Brüche gleichnamig machen.)

a) $\frac{1}{2} + \frac{3}{4}$

↓ ↓

Nenner sind nicht gleich.

Sie müssen zunächst einen gemeinsamen Nenner finden.
*Dieser Nenner muss durch **2 und durch 4 teilbar** sein. Überlegen Sie!*

Der gemeinsame Nenner ist „4", denn 4 ist durch 2 und auch durch 4 teilbar.
Erweitern Sie den ersten Bruch auf den gemeinsamen Nenner.

$\frac{1}{2} = \frac{?}{4}$ $\qquad$ $\frac{1}{2} \overset{\cdot 2}{=} \frac{2}{4}$

Da der zweite Bruch bereits den gemeinsamen Nenner hat, muss er also nicht extra umgeformt werden.

Beide Brüche sind nun gleichnamig. Sie können jetzt addiert werden. Vereinfachen Sie, wenn erforderlich, das Ergebnis!

$\frac{1}{2} + \frac{3}{4} = \frac{2}{4} + \frac{3}{4} = \frac{2+3}{4} = \frac{5}{4} = \mathbf{1\frac{1}{4}}$

b) $\frac{2}{5} + \frac{1}{3} = ?$

Der gemeinsame Nenner muss durch 5 und durch 3 teilbar sein, der gemeinsame Nenner ist 15 (ergibt sich aus 3 · 5)

Beide Brüche müssen auf 15-tel erweitert werden.

$\frac{2}{5} = \frac{?}{15} \quad + \quad \frac{1}{3} = \frac{?}{15}$

$\frac{2}{5} \underset{\cdot 3}{\overset{\cdot 3}{=}} \frac{6}{15} \quad + \quad \frac{1}{3} \underset{\cdot 5}{\overset{\cdot 5}{=}} \frac{5}{15}$

Setzen Sie nun beide auf 15-tel erweiterte Brüche in die Aufgabe ein und addieren Sie!

$\frac{6}{15} + \frac{5}{15} = \frac{6+5}{15} = \mathbf{\frac{11}{15}}$

c) $\frac{4}{6} - \frac{1}{9} = ?$

Bei der Subtraktion von ungleichnamigen Brüchen gehen Sie in den gleichen Arbeitsschritten vor wie bei der Addition.

$\frac{12}{18} - \frac{2}{18} = \frac{12-2}{18} = \frac{10}{18} = \mathbf{\frac{5}{9}}$

d) $\frac{3}{7} - \frac{1}{6} = \frac{18}{42} - \frac{7}{42} = \frac{18-7}{42} = \mathbf{\frac{11}{42}}$

e) $\frac{5}{12} + \frac{1}{6} - \frac{1}{4} = \frac{5+2-3}{12} = \frac{4}{12} = \mathbf{\frac{1}{3}}$

2.2. Multiplikation von Brüchen

1. Rechnen Sie

$$\frac{\text{Zähler} \cdot \text{Zähler}}{\text{Nenner} \cdot \text{Nenner}}$$

Schreiben Sie die Zähler auf einen gemeinsamen Bruchstrich.

a)

$$\frac{4 \cdot 15}{5 \cdot 20} = \frac{\overset{1}{\cancel{4}} \cdot \overset{3}{\cancel{15}}}{\underset{1}{\cancel{5}} \cdot \underset{5}{\cancel{20}}} = \frac{\mathbf{1} \cdot 3}{1 \cdot \mathbf{5}} = \mathbf{\frac{3}{5}}$$

Kürzen Sie so oft wie möglich, damit wird das Berechnen leichter. Es ist stets eine Zahl im Zähler und eine Zahl im Nenner zu kürzen.

b)

$$\frac{3 \cdot 8}{4 \cdot 15} = \frac{\overset{1}{\cancel{3}} \cdot \overset{2}{\cancel{8}}}{\underset{1}{\cancel{4}} \cdot \underset{5}{\cancel{15}}} = \frac{\mathbf{1} \cdot 2}{1 \cdot \mathbf{5}} = \mathbf{\frac{2}{5}}$$

c)

$$\frac{12 \cdot 9}{18 \cdot 10} = \frac{\overset{3}{\overset{6}{\cancel{12}}} \cdot \overset{1}{\cancel{9}}}{\underset{1}{\underset{2}{\cancel{18}}} \cdot \underset{5}{\cancel{10}}} = \frac{3 \cdot 1}{1 \cdot 5} = \mathbf{\frac{3}{5}}$$

d)

$$\frac{21 \cdot 8}{16 \cdot 7} = \frac{\overset{3}{\cancel{21}} \cdot \overset{1}{\cancel{8}}}{\underset{2}{\cancel{16}} \cdot \underset{1}{\cancel{7}}} = \frac{3}{2} = \mathbf{1\frac{1}{2}}$$

e)

$$\frac{5 \cdot 7}{14 \cdot 15} = \mathbf{\frac{1}{6}}$$

2. *Wandeln Sie die gemischten Zahlen erst in Brüche um, bevor Sie weiterrechnen!*

a) $2\frac{3}{6} \cdot 1\frac{2}{5}$

$2\frac{3}{6} = \frac{15}{6}$ $(2 \cdot 6 + 3 = 15 \triangleright \frac{15}{6})$ $1\frac{2}{5} = \frac{7}{5}$ $(1 \cdot 5 + 2 = 7 \triangleright \frac{7}{5})$

$$\frac{15}{6} \cdot \frac{7}{5} = \frac{\overset{3}{\cancel{15}} \cdot 7}{6 \cdot \underset{1}{\cancel{5}}} = \frac{\overset{1}{\cancel{3}} \cdot 7}{\underset{2}{\cancel{6}} \cdot 1} = \frac{1 \cdot 7}{2 \cdot 1} = \frac{7}{2} = \mathbf{3\frac{1}{2}}$$

b)

$$2\frac{2}{7} \cdot 3\frac{1}{2} = \frac{16}{7} \cdot \frac{7}{2} = \frac{\overset{8}{\cancel{16}}}{\underset{1}{\cancel{7}}} \cdot \frac{\overset{1}{\cancel{7}}}{\underset{1}{\cancel{2}}} = \frac{8}{1} = \mathbf{8}$$

c)

$$4\frac{3}{8} \cdot 2\frac{2}{7} = \frac{35}{8} \cdot \frac{16}{7} = \frac{\overset{5}{\cancel{35}}}{\underset{1}{\cancel{8}}} \cdot \frac{\overset{2}{\cancel{16}}}{\underset{1}{\cancel{7}}} = \frac{10}{1} = \mathbf{10}$$

d) $\mathbf{5\frac{5}{7}}$

e) **2**

2.3. Division von Brüchen

1. Berechnen Sie! Kürzen Sie so weit wie möglich!

Bilden Sie vom 2. Bruch den Kehrwert (Zähler unter den Bruchstrich, Nenner über den Bruchstrich!) und multiplizieren Sie dann beide Brüche miteinander!

a)

$$\frac{7}{8} : \frac{\mathbf{21}}{16} = \frac{7}{8} \cdot \frac{16}{\mathbf{21}} = \frac{\overset{1}{\cancel{7}} \cdot \overset{2}{\cancel{16}}}{\underset{1}{\cancel{8}} \cdot \underset{3}{\cancel{21}}} = \mathbf{\frac{2}{3}}$$

b)

$$\frac{3}{5} : \frac{6}{15} = \frac{3 \cdot 15}{5 \cdot 6} = \frac{\overset{1}{\cancel{3}} \cdot \overset{3}{\cancel{15}}}{\underset{1}{\cancel{5}} \cdot \underset{2}{\cancel{6}}} = \frac{3}{2} = \mathbf{1\frac{1}{2}}$$

c) $\frac{1}{2} : \frac{1}{2} = \quad = \mathbf{1}$

d) $\frac{4}{9} : \frac{2}{27} = \quad = \mathbf{6}$

e) $\frac{3}{8} : \frac{18}{32} = \quad = \mathbf{\frac{2}{3}}$

2. Berechnen Sie! Kürzen Sie das Ergebnis so weit wie möglich!

a) *Wandeln Sie die gemischte Zahl in einen Bruch um!*

$1\frac{1}{6} : 2\frac{2}{3}$ ▷ $\frac{7}{6} : \frac{8}{3}$

Bilden Sie vom 2. Bruch den Kehrwert und multiplizieren Sie beide Brüche miteinander. Kürzen Sie!

$\frac{7}{6} : \frac{8}{3} = \frac{7 \cdot \overset{1}{\cancel{3}}}{\cancel{6}_{2} \cdot 8} = \mathbf{\frac{7}{16}}$

b) $3\frac{3}{8} : 1\frac{1}{4} = \frac{27}{8} : \frac{5}{4} = \frac{27 \cdot \overset{1}{\cancel{4}}}{\cancel{8}_{2} \cdot 5} = \frac{27}{10} = \mathbf{2\frac{7}{10}}$

c) $\mathbf{\frac{5}{6}}$

d) $\mathbf{1\frac{27}{31}}$

2.4. Anwendungsaufgaben

1. Multiplizieren Sie die jeweilige Zahl der Flaschen mit der entsprechenden Menge (Liter). Addieren Sie nun alle Zwischenergebnisse. So erhalten Sie die Gesamtmenge des abgefüllten Weines.

6 · ¾ l	6 · 3 : 4 = 4,5 l	4,5 l
9 · 7⁄10 l	9 · 7 : 10 = 6,3 l	+ 6,3 l
15 · ⅜ l	15 · 3 : 18 = 5,625 l	+ 5,625 l
		= **16,425 l Wein**

2. Sie errechnen zunächst die Anteile von Emre und Benjamin. Dazu multiplizieren Sie die Gesamtsumme mit dem jeweiligen Bruchteil.

Also: 330,00 € · $\frac{1}{3}$ = **110,00 € (Emre)**
330,00 € · $\frac{3}{5}$ = **198,00 € (Benjamin)**

Ziehen Sie nun die beiden Beträge von der Gesamtsumme ab; übrig bleibt der Rest, den Kerim bezahlt.

330,00 € – 110,00 € – 198,00 € = **22,00 € (Kerim)**

3. Die Höhe der Barzahlung und der Überweisung berechnen Sie wie in Aufgabe 2, indem Sie die Gesamtsumme mit den jeweiligen Bruchteilen multiplizieren.

40.000 € · $\frac{1}{4}$ = **10.000 € (Barzahlung)**
40.000 € · $\frac{3}{5}$ = **24.000 € (Banküberweisung)**

Der Rest errechnet sich wieder aus Gesamtsumme abzüglich Barzahlung und Überweisung:

40.000 € – 10.000 € – 24.000 € = **6.000 € (Restbetrag)**

4.

a) Die gesamte Erbschaft entspricht einem Ganzen. Indem Sie die Bruchteile von A und B vom Ganzen subtrahieren, erhalten Sie den Anteil von C.
(Verwenden Sie dafür die Taste [A $^b/_c$] oder [a $^b/_c$] Ihres Taschenrechners!)

1 – $\frac{1}{5}$ – $\frac{2}{3}$ = $\frac{2}{15}$ C erhält $\frac{2}{15}$ der Erbschaft.

b) Die Anteile in Euro errechnen Sie wieder, indem Sie die Gesamtsumme mit dem jeweiligen Bruchteil multiplizieren.

2.730 € · $\frac{1}{5}$	=	546 € (A)
2.730 € · $\frac{2}{3}$	=	1.820 € (B)
2.730 € · $\frac{2}{15}$	=	**364 € (C)**

5. Multiplizieren Sie die Anzahl mit der jeweiligen Menge und addieren Sie die Zwischensummen.

25 · $\frac{1}{2}$ kg =	12,5 kg	12,5 kg
30 · $\frac{1}{4}$ kg =	7,5 kg	+ 7,5 kg
10 · 1 $\frac{1}{2}$ kg =	15 kg	+ 15,0 kg
14 · $\frac{3}{4}$ kg =	10,5 kg	+ 10,5 kg
		= 45,5 kg

3. Maßeinheiten

3.1. Längenmaße

3.1.1. Umrechnungen in die nächste größere/kleinere Maßeinheit

1. Da die Maßeinheiten **kleiner** werden, müssen die Zahlen größer werden. Multiplizieren Sie mit **10**. Das Komma rückt eine Stelle weiter nach rechts. Bei der Umrechnung von km in m rechnen Sie mal 1.000. Das Komma rückt dann 3 Stellen weiter nach rechts.

40 m = **400 dm** (· 10)	4,2 cm = **42 mm**
500 cm = **5.000 mm**	12 dm = **120 cm**
68,2 cm = **682 mm**	2,3 km = **2.300 m** (· 1.000)
36,7 m = **367 dm**	0,03 dm = **0,3 cm**
0,8 m = **8 dm**	

2. Da die Maßeinheiten **größer** werden, müssen die Zahlen kleiner werden. Dividieren Sie **durch 10**. Das Komma rückt eine Stelle nach links. Bei der Umrechnung von km in m rechnen Sie durch 1.000. Das Komma rückt dann 3 Stellen nach links.

87,3 mm	= **8,73 cm**	(: 10)	90,5 cm	= **9,05 dm**
320,7 dm	= **32,07 m**		91,85 mm	= **9,185 cm**
60,04 dm	= **6,004 m**		385 cm	= **38,5 dm**
1.900 m	= **1,9 km**	(: 1.000)		

3. Denken Sie an die Regel:

Maßeinheit größer ▷ Zahl kleiner ▷ Komma nach links
Maßeinheit kleiner ▷ Zahl größer ▷ Komma nach rechts

28,4 dm	= **284 cm**	(· 10)	2.380 mm	= **238 cm**	(: 10)
408 cm	= **40,8 dm**	(: 10)	8.570 cm	= **857 dm**	(: 10)
128 cm	= **1.280 mm**	(· 10)	805 mm	= **80,5 cm**	(: 10)
821,5 m	= **8.215 dm**	(· 10)	611 m	= **0,611 km**	(: 1.000)

3.1.2. Umrechnungen über mehrere Einheiten

40 m	= **4.000 cm**	(· 100)	245 cm	= **2,45 m**	(: 100)
25 dm	= **2.500 mm**	(· 100)	78,4 mm	= **0,784 dm**	(: 100)
47 m	= **47.000 mm**	(· 1.000)	600 cm	= **0,006 km**	(: 100.000)
36,7 m	= **3.670 cm**	(· 100)	0,004 km	= **4 m**	(: 1.000)
38,01 dm	= **3.801 mm**	(· 100)	0,3 m	= **30 cm**	(· 100)
490 m	= **0,490 km**	(: 1.000)	15.000 mm	= **15 m**	(: 1.000)

Dieser Trick kann Ihnen beim Umrechnen behilflich sein:

Überlegen Sie, in welche Richtung das Komma rücken muss.

„Peilen" Sie nun mit Ihrem Stift das Komma an und zählen Sie die Maßeinheiten weiter, bis Sie bei der gewünschten Einheit angekommen sind. Rücken Sie dabei das Komma jeweils 1 Stelle weiter. (Ausnahme: km/m : 3 Stellen!)

Beispiel:

123,06 m = ? mm

1 2 3 , 0 6 0 m = 1 2 3 0 6 **0** , 0 mm = 123.060 mm

dm cm mm

Rückt das Komma aus der Zahl heraus, wird die freie Stelle mit einer 0 aufgefüllt. Steht nach dem Komma nur noch eine 0, kann diese auch weggelassen werden.

3.1.3. Anwendungsaufgaben

1.

a) Schreiben Sie zunächst die Aufgabe ab.

Rechnen Sie die einzelnen Werte um und schreiben Sie die Umrechnung genau unter den entsprechenden Wert der oberen Zeile. Zählen Sie dann zusammen.

45,3 dm +	1,02 m +	467 mm +	18,9 cm	= ? cm
(· 10)	(· 100)	(: 10)		
▽	▽	▽	▽	
453 cm +	102 cm +	46,7 cm +	18,9 cm	= **620,6 cm**

b)

365 m	+ 1.840 cm	+ 7,5 dm	+ 840 mm	= ? dm
3.650 dm	+ 184 dm	+ 7,5 dm	+ 8,4 dm	= **3.849,9 dm**

c)

1,05 km	+ 560 cm	+ 28 dm	+ 7.910 mm	= ? m
1.050 m	+ 5,60 m	+ 2,8 m	+ 7,91 m	= **1.066,31 m**

2.

a) Da Meter gesucht sind, rechnen Sie erst alle Maße in Meter um!

2,10 m = 2,10 m
180 cm = 1,80 m
36 dm = 3,6 m
225 cm = 2,25 m

Addieren Sie nun die abgeschnittenen Stücke. So erhalten Sie die Meter, die insgesamt abgeschnitten worden sind.

2,10 m + 1,80 m + 3,60 m + 2,25 m = **9,75 m**

b) Ziehen Sie nun diese Summe von den 25 m ab, um die Meter zu erhalten, die noch auf der Rolle sind.

25,00 m – 9,75 m = **15,25 m**

3. Fertigen Sie zunächst eine Skizze in der Draufsicht an und tragen Sie die Maße ein! Zählen Sie die Breiten der einzelnen Wände zusammen.

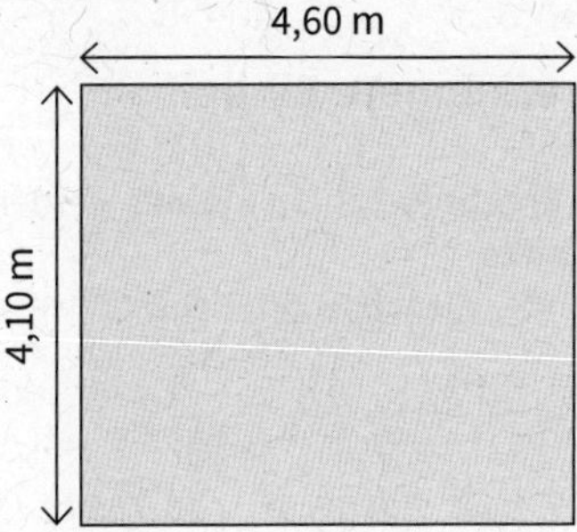

4,60 m + 4,10 m + 4,60 m + 4,10 m = 17,40 m

Teilen Sie nun die Gesamtbreite durch die Tapetenbreite. So errechnen Sie die Anzahl der Tapetenbahnen. Rechnen Sie zuvor die 55 cm in m um!

55 cm = 0,55 m
17,40 m : 0,55 m/Bahn = 31,63 Bahnen ≈ **32 Bahnen**

Ewa braucht rund 32 Tapetenbahnen.

3.2. Hohlmaße

3.2.1. Umrechnungen in die nächste größere/kleinere Einheit

1. Da die **Maßeinheiten größer** werden, müssen die **Ergebnis-Zahlen kleiner** werden. Rechnen Sie **: 10**. Das Komma rückt **1 Stelle nach links**.
   Steht kein Komma hinter der Zahl, dann kann es hinter die letzte Ziffer gesetzt werden. Bsp.: 20 = 20,0

20 dl	= **2 l**	200 ml	= **20,0 cl**	150 cl	= **15 dl**
670,55 ml	= **67,055 cl**	24.800 cl	= **2.480 dl**	307,85 dl	= **30,785 l**
345,6 dl	= **34,56 l**	445,9 cl	= **44,59 dl**	90,3 ml	= **9,03 cl**

Vergleichen Sie die Umrechnung von Hohlmaßen mit der von Längenmaßen! Es ist genau die gleiche Umrechnung, nur dass es statt Meter – Liter heißt. Die Umrechnungszahl ist jeweils 10.

ml	mm
cl	cm
dl	dm
l	m

Wer also Probleme bei der Umrechnung von Hohlmaßen hat, denkt einfach nur an die Umrechnung von Längen.

2. Da die **Maßeinheiten kleiner** werden, müssen die **Ergebnis-Zahlen größer** werden. Rechnen Sie · **10**. Das Komma rückt **1 Stelle nach rechts**.

40 cl	= **400 ml**	0,075 cl	= **0,75 ml**
45,9 cl	= **459 ml**	230 dl	= **2.300 cl**
350,8 dl	= **3.508 cl**	80,03 l	= **800,3 dl**
9.000 l	= **90.000 dl**	2.345,6 l	= **23.456 dl**
28,3 dl	= **283 cl**	10.560 dl	= **105.600 cl**

3.

38,7 ml	= **3,87 cl** (: 10)	16,3 ml	= **1,63 cl** (: 10)
2.000 ml	= **200 cl** (: 10)	38,45 cl	= **384,5 ml** (· 10)
800 cl	= **80,0 dl** (: 10)	911 dl	= **91,1 l** (: 10)
920 l	= **9.200 dl** (· 10)	8,5 dl	= **85 cl** (· 10)

3.2.2. Umrechnungen über mehrere Einheiten

1. Überlegen Sie wieder zuerst, wie sich die Maßeinheit ändert (größer oder kleiner?), dann wissen Sie, wie sich die Zahl ändern muss (kleiner oder größer?).

375 ml	= **0,375 l** (: 1.000)	300 dl	= **30.000 ml** (· 100)
450 ml	= **0,45 l** (: 1.000)	4.500 ml	= **45 dl** (: 100)
0,5 l	= **500 ml** (· 1.000)	1.300 ml	= **13 dl** (: 100)
620 dl	= **62.000 ml** (· 100)	1,75 l	= **175 cl** (· 100)
18 l	= **1.800 cl** (· 100)	390 cl	= **3,9 l** (: 100)

2.

a) Rechnen Sie die einzelnen Maße erst in **Liter** um, bevor Sie zusammenzählen!

2,3 l +	750 ml +	22 dl +	44 cl +	50 ml	= ? l
	(: 1000)	(: 10)	(: 100)	(: 1.000)	
	▽	▽	▽	▽	
2,3 l +	0,75 l +	2,2 l +	0,44 l +	0,05 l	= **5,74 l**

b) Beachten Sie, dass in **ml** umzurechnen ist!

1,8 l	+ 3,5 dl	+ 45 cl	+ 1.200 ml = ? ml
1.800 ml	+ 350 ml	+ 450 ml	+ 1.200 ml = **3.800 ml**

c) Rechnen Sie erst in **cl** um!

275 ml	+ 100 cl	+ 3,6 dl	+ 0,4 l	= ? cl
27,5 cl	+ 100 cl	+ 36 cl	+ 40 cl	= **203,5 cl**

3.2.3. Anwendungsaufgaben

1. Rechnen Sie den Flascheninhalt von 700 ml in l um und teilen Sie dann die große Menge (Fass) in kleine Mengen (Flaschen) auf; also große Menge geteilt durch kleine Menge.

700 ml = 0,7 l
750 l : 0,7 l/Flasche = 1.071,4 Flaschen ≈ **1.071 Flaschen**

2. Rechnen Sie die l in cl um. Teilen Sie dann die große Menge durch die kleine Menge. So erhalten Sie die Anzahl der Gläser.

0,7 l = 70 cl
70 cl : 2 cl = **35 Gläser**

3. Berechnen Sie zunächst, wie viel Liter Bier ausgeschenkt worden sind. Dazu multiplizieren Sie die Anzahl der Gläser mit deren Inhalt. Zählen Sie beide Zwischenergebnisse zusammen.

145 Gläser · 0,3 l = 43,5 l
56 Gläser · 0,4 l = 22,4 l
= 65,9 l

Ziehen Sie nun die ausgeschenkte Menge von den 100 l, die im Bierfass waren, ab. Die Differenz ist die Menge an Bier, die noch im Fass ist.

100,0 l
− 65,9 l
= **34,1 l**

34,1 Liter Bier sind noch im Fass.

4. Rechnen Sie die 2 m^3 in Liter um

2 m^3 = 2.000 l

Teilen Sie die große Menge durch die kleine Menge! So ermitteln Sie die Anzahl der Gießkannen.

2.000 l : 10 l/Gießkanne = **200 Gießkannen**

5. Rechnen Sie den 1 m^3 in Liter um und teilen Sie dann die große Menge durch die kleine.

1 m^3 = 1.000 l
1.000 l : 65 l/Waschgang = 15,38 ≈ **15 Waschgänge**

6. **Umformen in Liter/Kommazahl:**

- Die **ganze Zahl des Bruches** wird vor das Komma geschrieben.
- Die *Bruchzahl als Dezimalzahl* ist hinter das Komma zu schreiben.
- Wenden Sie Ihre Kenntnisse aus der Bruchrechnung an!

Beispiel: $1\frac{1}{2} = 1{,}5$ denn: $\frac{1}{2} = 1 : 2 = 0{,}5$

Umrechnen in ml:

- Umrechnungszahl von Liter in Milliliter ist 1.000.
- Rechnen Sie Liter · 1.000, das Komma rückt dabei 3 Stellen nach rechts

Beispiel: 1,5 l = 1 5 0 0 ml

Umrechnen von der Kommazahl in die Bruchzahl:

- Die **Zahl vor dem Komma ist die ganze Zahl des Bruches**.
- Die *Zahl/Zahlen hinter dem Komma sind in einen Bruch umzuformen.*

Beispiel: $\mathbf{1},25 = \mathbf{1}\frac{1}{4}$ denn: $0{,}25 = \frac{25}{100} = \frac{1}{4}$ (: 25 / : 25)

	Bruchzahl in Liter	Dezimalzahl in Liter	Umrechnung in ml
a)	$2\frac{3}{8}$	**2,375**	**2.375**
b)	$\mathbf{1\frac{1}{4}}$	1,25	**1.250**
c)	$\mathbf{3\frac{3}{4}}$	**3,75**	3.750
d)	$\mathbf{4\frac{1}{2}}$	4,5	**4.500**
e)	$1\frac{1}{8}$	**1,125**	**1.125**

3.3. Massemaße

3.3.1. Umrechnungen in die nächste größere/kleinere Maßeinheit

1. Da die Maßeinheit größer wird, muss die Zahl kleiner werden.
Rechnen Sie **: 1.000**. Das Komma rückt **3 Stellen** nach **links**.

1.200 g	= **1,2 kg**	127.500 g	= **127,5 kg**
2.600 mg	= **2,6 g**	900,3 g	= **0,9003 kg**
3.650 kg	= **3,65 t**	750 mg	= **0,75 g**
8.000 kg	= **8 t**		

2. Die Maßeinheit soll kleiner werden, also muss die Zahl größer werden.
Rechnen Sie **· 1.000**. Das Komma rückt **3 Stellen** nach **rechts**.

250 g	= **250.000 mg**	3,4 g	= **3.400 mg**
105,2 g	= **105.200 mg**	1,032 t	= **1.032 kg**
3,9 t	= **3.900 kg**	13 t	= **13.000 kg**
91,6 kg	= **91.600 g**	0,75 kg	= **750 g**
0,005 kg	= **5 g**		

3. Denken Sie genau nach! Wird die Maßeinheit größer oder kleiner? Dann wissen Sie auch, ob die Zahl kleiner oder größer werden muss.

21,3 kg	= **21.300 g**	(· 1.000)	25.750 kg	= **25,75 t**	(: 1.000)
1,8 t	= **1.800 kg**	(· 1.000)	6.000 kg	= **6 t**	(: 1.000)
9.600 g	= **9,6 kg**	(: 1.000)	918 mg	= **0,918 g**	(: 1.000)
40,820 t	= **40.820 kg**	(· 1.000)	200 mg	= **0,2 g**	(: 1.000)

3.3.2. Umrechnungen über mehrere Einheiten

1. Beachten Sie, dass für jede Maßeinheit das Komma 3 Stellen weiter rücken muss.

98.000 mg in kg (mg ▹ g ▹ kg) 2 Maßeinheiten weiter ▹ Komma rückt 6 Stellen

98.000 mg	= **0,098 kg**	(: 1.000 : 1.000 ▹ 6 Stellen nach links)
30.000.000 mg	= **0,03 t**	(: 1.000 : 1.000 : 1.000 ▹ 9 Stellen nach links)
205.300 g	= **0,2053 t**	(: 1.000 : 1.000 ▹ 6 Stellen nach links)
1,05 t	= **1.050.000 g**	(· 1.000 · 1.000 ▹ 6 Stellen nach rechts)
0,0052 t	= **5.200 g**	(· 1.000 · 1.000 ▹ 6 Stellen nach rechts)
64,75 kg	= **64.750.000 mg**	(· 1.000 · 1.000 ▹ 6 Stellen nach rechts)
48.206 mg	= **0,048206 kg**	(: 1.000 : 1.000 ▹ 6 Stellen nach links)
500.000.000 g	= **500 t**	(: 1.000 : 1.000 ▹ 6 Stellen nach links)

2.

a) Rechnen Sie zunächst in die entsprechende Einheit um, bevor Sie addieren.

	0,6 kg	+ 3.500 mg	+ 0,0001 t	= ? g
	600 g	+ 3,5 g	+ 100 g	= **703,5 g**
b)	6.000 g	+ 3,4 t	+ 500.000 mg	= ? kg
	6,0 kg	+ 3.400 kg	+ 0,5 kg	= **3.406,5 kg**
c)	180.000 g	+ 516 kg	+ 5.000.000 g	= ? t
	0,18 t	+ 0,516 t	+ 5 t	= **5,696 t**

3. Umschreiben der Bruchzahl in die Kommazahl:

Schreiben Sie die ganze Zahl vor das Komma und den Bruch als Dezimalzahl hinter das Komma.

Beispiel: $\mathbf{1}\,\frac{1}{8}$ kg = 1,125 kg denn: $\frac{1}{8} = 1 : 8 = 0{,}125$

Umrechnen in Gramm:

- Umrechnungszahl von kg in g ist 1.000
  Rechnen Sie · **1.000**. Das Komma rückt **3 Stellen** nach **rechts**.
- Beispiel: 1,25 kg = 1.250 g

a) $1\,\frac{1}{4}$ kg = **1,25 kg = 1.250 g**

b) $3\,\frac{1}{2}$ kg = **3,5 kg = 3.500 g**

c) $7\,\frac{3}{8}$ kg = **7,375 kg = 7.375 g**

d) $2\,\frac{1}{8}$ kg = **2,125 kg = 2.125 g**

e) $1\,\frac{3}{4}$ kg = **1,75 kg = 1.750 g**

4. Mathematische Formeln umstellen

1. Formeln zur Flächen- und Umfangberechnung

a) **Fläche eines Quadrates** $A = a^2$ nach a umstellen

Die entgegengesetzte Rechenart vom Quadrieren ist das Wurzel-Ziehen.

$$A = a^2 \quad |\sqrt{}$$
$$\sqrt{A} = \sqrt{a^2}$$
$$\sqrt{A} = a$$
$$\mathbf{a = \sqrt{A}}$$

Sie können die Seiten der Gleichung auch vertauschen.

b) **Umfang eines Quadrates** $U = 4 \cdot a$ nach a umstellen

$$U = a \cdot 4 \quad |:4$$
$$U:4 = a \cdot 4 : 4$$
$$U:4 = a$$
$$\mathbf{a = U:4}$$

c) **Fläche eines Rechteckes** $A = a \cdot b$ nach b umstellen

$$A = a \cdot b \quad |:a$$
$$A:a = b$$
$$\mathbf{b = A:a}$$

d) **Umfang eine Rechteckes** $U = 2 \cdot (a + b)$ nach a umstellen

Hier gilt: Klammerrechnung geht vor Punktrechnung. Beim Umstellen der Gleichung muss man (wie immer) umgekehrt vorgehen. Deshalb muss zuerst die 2 entfernt werden, danach kann dann b entfernt werden.

$$U = 2 \cdot (a + b) \quad |:2$$
$$U:2 = a + b \quad |-b$$

statt U : 2 können Sie auch schreiben $\frac{U}{2}$

$$\frac{U}{2} - b = a$$
$$\mathbf{a = \frac{U}{2} - b}$$

e) **Fläche eines Dreiecks** $A = \frac{g \cdot h}{2}$ nach g umstellen

Es ist übersichtlicher, wenn zuerst die „2“ unter dem Bruchstrich beseitigt wird. Anschließend muss nur noch die Höhe h auf die andere Seite der Gleichung gebracht werden.

$$A = \frac{g \cdot h}{2} \quad | \cdot 2$$

$$A \cdot 2 = g \cdot h \quad | : h$$

$$\frac{A \cdot 2}{h} = g$$ *Vertauschen Sie die Seiten!*

$$\mathbf{g = \frac{A \cdot 2}{h}}$$

f) **Fläche eines Kreises** $A = \pi \cdot r^2$ nach r umstellen

$$A = \pi \cdot r^2 \quad | : \pi$$ *π muss weg (· π in der Gleichung, also : π beim Umstellen)*

$$A : \pi = r^2$$ *statt A : π schreibt man auch* $\frac{A}{\pi}$

$$\frac{A}{\pi} = r^2 \quad | \sqrt{\ }$$ *Das Quadrat muss weg, also Wurzel ziehen*

$$\mathbf{r = \sqrt{\frac{A}{\pi}}}$$

g) **Fläche eines Kreises** $A = \frac{\pi \cdot d^2}{4}$ nach d umstellen

$$A = \frac{\pi \cdot d^2}{4} \quad | \cdot 4$$ *zuerst die 4 aus dem Nenner „entfernen“*

$$A \cdot 4 = \pi \cdot d^2 \quad | : \pi$$ *d^2 isolieren*

$$\frac{A \cdot 4}{\pi} = d^2 \quad | : \sqrt{\ }$$ *Wurzel ziehen*

$$\mathbf{d = \sqrt{\frac{A \cdot 4}{\pi}}}$$

h) **Umfang eines Kreises** $U = \pi \cdot r \cdot 2$ nach r umstellen

$$U = \pi \cdot r \cdot 2 \quad | : \pi$$

$$\frac{U}{\pi} = r \cdot 2 \quad | : 2$$ *Vertauschen Sie die Seiten der Gleichung!*

$$\mathbf{r = \frac{U}{\pi \cdot 2}}$$

i) **Umfang eines Kreises** $U = \pi \cdot d$ nach d umstellen

$$U = \pi \cdot d \quad |:\pi$$

$$\frac{U}{\pi} = d$$

Vertauschen Sie die Seiten der Gleichung!

$$\mathbf{d = \frac{U}{\pi}}$$

j) **zusammengesetzte Fläche** $A_{gesamt} = A_1 + A_2 + A_3$ nach A_2 umstellen

$$A_{gesamt} = A_1 + A_2 + A_3 \quad |-A_1$$

$$A_{gesamt} - A_1 = A_2 + A_3 \quad |-A_3$$

$$A_{gesamt} - A_1 - A_3 = A_2$$

$$\mathbf{A_2 = A_{gesamt} - A_1 - A_3}$$

2. Formeln zur Volumenberechnung

a) **Volumen eines Quaders** $V = a \cdot b \cdot c$ nach c umstellen

$$V = a \cdot b \cdot c \quad |:a$$

$$\frac{V}{a} = b \cdot c \quad |:b$$

$$\frac{V}{a \cdot b} = c$$

$$\mathbf{c = \frac{V}{a \cdot b}}$$

b) **Volumen eines Würfels** $V = a^3$ nach a umstellen

$V = a^3 \quad | \sqrt[3]{\ }$

Sie müssen die 3. Wurzel aus a^3 ziehen. Dann erhalten Sie die Seite a.

$\sqrt[3]{V} = a$

$\mathbf{a = \sqrt[3]{V}}$

Prüfen Sie, ob Ihr Taschenrechner die Funktion $\sqrt[3]{\ }$ bzw. $\sqrt[x]{y}$ hat. Diese können Sie zum Ziehen der 3. Wurzel nutzen.

Bei der Funktion $\sqrt[3]{\ }$ (oft über Shift) geben Sie ein:

1. den Zahlenwert von V
2. Shift (wenn erforderlich)
3. $\sqrt[3]{\ }$
4. =

Bei der Funktion $\sqrt[x]{y}$ (auch oft über Shift) geben Sie ein:

1. den Zahlenwert von V
2. Shift (wenn erforderlich)
3. $\sqrt[x]{y}$
4. 3 (für 3. Wurzel)
5. =

(Diese Funktion können Sie auch zum Ziehen anderer Wurzeln nutzen.)

c) **Volumen eines Zylinders** $V = \pi \cdot r^2 \cdot h$ nach h umstellen

$V = \pi \cdot r^2 \cdot h \quad | : \pi$

$\frac{V}{\pi} = r^2 \cdot h \quad | : r^2$

$\frac{V}{\pi \cdot r^2} = h$

$\mathbf{h = \frac{V}{\pi \cdot r^2}}$

3. Formel zur Zinsrechnung

a) **Zinsen** $Z = \frac{K \cdot p \cdot t}{100}$ nach K (Kapital) umstellen

$Z = \frac{K \cdot p \cdot t}{100} \quad | \cdot 100$

Es ist übersichtlicher, wenn zuerst die 100 unter dem Bruchstrich verschwindet.

$Z \cdot 100 = K \cdot p \cdot t \quad | : p$

Rechnen Sie geteilt durch p und durch t, dann steht K allein auf einer Seite.

$\frac{Z \cdot 100}{p} = K \cdot t \quad | : t$

$\frac{Z \cdot 100}{p \cdot t} = K$

Vertauschen Sie die Seiten.

$\mathbf{K = \frac{Z \cdot 100}{p \cdot t}}$

Zinsen $Z = \frac{K \cdot p \cdot t}{100}$ nach p (Prozentsatz) umstellen

$Z = \frac{K \cdot p \cdot t}{100} \quad | \cdot 100$

Beseitigen Sie die 100 aus dem Nenner.

$Z \cdot 100 = K \cdot p \cdot t \quad | : K$

Isolieren Sie p, indem Sie durch K und durch t dividieren.

$\frac{Z \cdot 100}{K} = p \cdot t \quad | : t$

$\frac{Z \cdot 100}{K \cdot t} = p$

Vertauschen Sie die Seiten.

$\mathbf{p = \frac{Z \cdot 100}{K \cdot t}}$

b) Monatszinsen $Z = \frac{K \cdot p \cdot t}{100 \cdot 12}$ nach K (Kapital) umstellen

$$Z = \frac{K \cdot p \cdot t}{100 \cdot 12} \quad | \cdot 100$$

Die 100 und die 12 müssen durch Multiplikation aus dem Bruch entfernt werden.

$$Z \cdot 100 = \frac{K \cdot p \cdot t}{12} \quad | \cdot 12$$

$$Z \cdot 100 \cdot 12 = K \cdot p \cdot t \quad | : p$$

p und t müssen durch Division von K entfernt werden.

$$\frac{Z \cdot 100 \cdot 12}{p} = K \cdot t \quad | : t$$

$$\frac{Z \cdot 100 \cdot 12}{p \cdot t} = K$$

Vertauschen Sie die Seiten der Gleichung.

$$\mathbf{K = \frac{Z \cdot 100 \cdot 12}{p \cdot t}}$$

Monatszinsen $Z = \frac{K \cdot p \cdot t}{100 \cdot 12}$ nach t (Laufzeit) umstellen

$$Z = \frac{K \cdot p \cdot t}{100 \cdot 12} \quad | \cdot 100$$

Entfernen Sie erst wieder die 100 und die 12 aus dem Nenner des Bruches durch Multiplikation.

$$Z \cdot 100 = \frac{K \cdot p \cdot t}{12} \quad | \cdot 12$$

$$Z \cdot 100 \cdot 12 = K \cdot p \cdot t \quad | : K$$

Entfernen Sie nun durch Dividieren K und p. Die Laufzeit t steht somit isoliert auf einer Seite.

$$\frac{Z \cdot 100 \cdot 12}{K} = p \cdot t \quad | : p$$

$$\frac{Z \cdot 100 \cdot 12}{K \cdot p} = t$$

Vertauschen Sie die Seiten der Gleichung.

$$\mathbf{t = \frac{Z \cdot 100 \cdot 12}{K \cdot p}}$$

5. Flächenberechnungen

5.1. Flächenmaße

5.1.1. Umrechnen in die nächste größere/kleinere Einheit

1. Achten Sie genau darauf, ob die Maßeinheit, in die umgerechnet werden soll, größer oder kleiner wird!

Aufgabe	Maßeinheit wird	Zahl wird	Lösung
25,3 m^2 in dm^2	kleiner	größer (· 100)	**2.530 dm^2**
680 cm^2 in dm^2	größer	kleiner (: 100)	**6,8 dm^2**
0,8 ha in a	kleiner	größer (· 100)	**80 a**
13,2 a in ha	größer	kleiner (: 100)	**0,132 ha**
60,5 a in m^2	kleiner	größer (· 100)	**6.050 m^2**

310,75 m^2 = **31.075 dm^2**
55,453 cm^2 = **5.545,3 mm^2**
903,6 cm^2 = **9,036 dm^2**
0,04 ha = **4 a**

800 ha = **80.000 a**
0,35 m^2 = **0,0035 a**
1.000 a = **100.000 m^2**
620 mm^2 = **6,2 cm^2**

515,4 dm^2 = **51.540 cm^2**
75,85 m^2 = **7.585 dm^2**

5.1.2. Umrechnen über mehrere Einheiten

Für jede weiter gerechnete Maßeinheit rückt das Komma 2 Stellen.

Also: 1 Maßeinheit ▷ 2 Stellen
2 Maßeinheiten ▷ 4 Stellen
3 Maßeinheiten ▷ 6 Stellen usw.

1.

Aufgabe	**Wie viel Maßeinheiten größer/kleiner**	**Wie viel Stellen rückt das Komma nach rechts/links**	**Ergebnis**
10.000 m^2 in ha	2 Einheiten größer	4 Stellen nach links	= 1 ha
8.000 mm^2 in dm^2	2 Einheiten größer	4 Stellen nach links	= 0,8 dm^2
0,09 dm^2 in mm^2	2 Einheiten kleiner	4 Stellen nach rechts	= 900 mm^2
1,035 m^2 in mm^2	3 Einheiten kleiner	6 Stellen nach rechts	= 1.035.000 mm^2
600.000 m^2 in ha	2 Einheiten größer	4 Stellen nach links	= 60 ha

5,5 a = **55.000 dm^2**

0,00002 m^2 = **20 mm^2**

312 mm^2 = **0,0312 dm^2**

25.000 mm^2 = **0,025 m^2**

0,75 dm^2 = **7.500 mm^2**

0,5 ha = **5.000 m^2**

450 a = **4.500.000 dm^2**

230 m^2 = **2.300.000 cm^2**

75 cm^2 = **0,0075 m^2**

88,5 dm^2 = **885.000 mm^2**

Dieser Trick kann Ihnen beim Umrechnen behilflich sein:

Überlegen Sie, in welche Richtung das Komma rücken muss.

„Peilen“ Sie nun mit Ihrem Stift das Komma an und zählen Sie die Maßeinheiten weiter, bis Sie bei der gewünschten Einheit angekommen sind. Rücken Sie dabei das Komma für jede Einheit jeweils 2 Stellen weiter.

Beispiel:

2.500.000 mm^2 = ? m^2

2 5 0 0 0 0 0 , 0 mm^2 = **2,5 m^2**

m^2 dm^2 cm^2

2. Rechnen Sie jedes Maß in m^2 um.

a)	0,4 a	+ 1,075 ha	+ 250 dm^2	+ 1.400 cm^2	= ? m^2
	40 m^2	+ 10.750 m^2	+ 2,5 m^2	+ 0,14 m^2	= **10.792,64 m^2**
b)	300.000 cm^2	+ 48 a	+ 0,2 ha	+ 750 dm^2	= ? m^2
	30,0 m^2	+ 4.800 m^2	+ 2.000 m^2	+ 7,5 m^2	= **6.837,5 m^2**

5.1.3. Anwendungsaufgaben

1. Größere Flächen z. B. von Wohnungen, Grundstücken usw. werden meist in m^2 angegeben. Es ist also günstig, alle Werte in m^2 umzurechnen. Anschließend zählen Sie dann zusammen.

Blumenbeet	1.050 dm^2 =	10,5 m^2
Gemüsebeet	23,0 m^2 =	23,0 m^2
Obstgarten	2,5 a =	250,0 m^2
Kräuterecke	190 dm^2 =	1,9 m^2
Wege	19,4 m^2 =	19,4 m^2
Wildkräuterwiese	1,1 a =	110,0 m^2
Gartenhaus	2.750 dm^2 =	+ 27,5 m^2
		442,3 m^2

2. Es sind wieder alle Teilflächen in m^2 umzurechnen und anschließend zu addieren.

Gewächshausfläche	3.000 m^2 =	3.000 m^2
Frühbeetfläche	2,5 a =	250 m^2
Freilandfläche	2,8 ha =	28.000 m^2
Gebäude	95 m^2 =	95 m^2
Wege	0,48 ha =	+ 4.800 m^2
		36.145 m^2

Rechnen Sie anschließend noch die m^2 in ha um!
36.145 m^2 = **3,6145 ha**

3. Suchen Sie zunächst nach der Anzahl der Fotos: lt. Aufgabe sind das 144 Fotos. Aus der Aufgabe wissen Sie auch, dass jedes Foto eine Fläche von 130 cm^2 hat. Nehmen Sie nun die Fläche eines Fotos mit der Anzahl der Fotos mal. Sie erhalten die Fläche in cm^2. Rechnen Sie diese Fläche noch in m^2 um!

130 cm^2/Foto · 144 Fotos = **18.720 cm^2**
18.720 cm^2 = **1,872 m^2**

4. Um die Anzahl der kleinen Platten zu erhalten, teilen Sie die große Plattenfläche durch die kleine Plattenfläche. Rechnen Sie stets nur mit derselben Maßeinheit!

Variante 1:
Rechnung mit m^2

(400 cm^2	=	0,04 m^2)
4,84 m^2	:	0,04 m^2/Platte
(große Pl.)	:	(kleine Pl.)

= **121 Platten**

Variante 2:
Rechnung mit cm^2

(4,84 m^2	=	48.400 cm^2)
48.400 cm^2	:	400 cm^2/Platte
(große Pl.)	:	(kleine Pl.)

= **121 Platten**

5.2. Das Quadrat

U = 4 · a

Den **Umfang** können Sie auf der Skizze **umfahren**!

Können Sie sich die Formel nicht gleich merken, zählen Sie einfach alle Seiten zusammen, bis Sie die ganze Figur umfahren haben.

U = 4 · a *oder* **U = a + a + a + a**

Die Fläche eines Quadrates wird, wie der Name schon sagt, durch quadrieren berechnet.

A = a^{Quadrat} *also* **A = a²** *oder* **A = a · a**

1. Berechnen Sie U und A!

a) a = 5 cm

U = 4 · a
U = 4 · 5 cm
U = 20 cm

A = a^2
A = $(5\ cm)^2$
A = 25 cm²

oder

A = a · a
A = 5 cm · 5 cm
A = 25 cm²

Berechnen Sie die Fläche A über **a²**, so müssen sowohl **Zahl als auch Maßeinheit quadriert** werden. Aus diesem Grund ist **beides in eine Klammer** zu setzen.

b) $a = 3{,}50\ m$

$U = 4 \cdot a$
$U = 4 \cdot 3{,}50\ m$
$\mathbf{U = 14\ m}$

$A = a^2$
$A = (3{,}50\ m)^2$
$\mathbf{A = 12{,}25\ m^2}$

c) **U = 51,4 dm** **A = 165,1225 dm²**

d) **U = 2.400 mm** **A = 360.000 mm²**

e) **U = 1,6 km** **A = 0,16 km²**

2. Stellen Sie die Formel zur Flächenberechnung eines Quadrates nach der Seite a um! Wenden Sie Ihr Wissen aus Kapitel 4 an!

$A = a^2 \quad | \sqrt{}$
$\sqrt{A} = a$

Setzen Sie nun den Wert für A ein und rechnen Sie a aus!

$a = \sqrt{A}$
$a = \sqrt{900\ m^2}$
$\mathbf{a = 30\ m}$

Eine Grundstücksseite ist 30 m lang.

3.

a) Eine Seite des Tisches ist 80 cm lang. Rechts und links sollen jeweils 25 cm überhängen.

(2 · 25 cm)

Die Skizze soll es noch einmal deutlich machen:

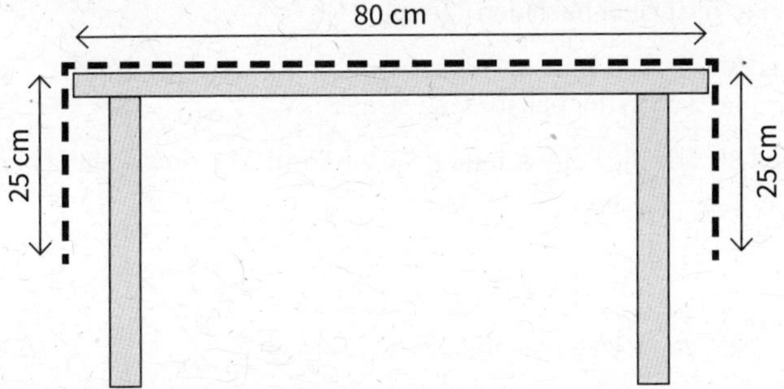

Zählen Sie die Strecken zusammen:
80 cm + 25 cm + 25 cm = **130 cm**

Die Decke hat eine Seitenlänge von 130 cm.

b) Die Borte wird rundherum genäht. Also ist der Umfang gesucht. Errechnen Sie den Umfang der Decke!

Achtung: Nehmen Sie die Seitenlänge der Decke und nicht die des Tisches! Für jede der vier Ecken werden noch 3 cm dazu gerechnet.

$U = 4 \cdot a$ 4 Ecken · 3 cm/Ecke = 12 cm
$U = 4 \cdot 130$ cm
$U = 520$ cm

520 cm + 12 cm = 532 cm = **5,32 m**

Es werden 5,32 m Borte gebraucht.

c) Nehmen Sie zur Berechnung der Fläche wieder die Maße der Tischdecke! Rechnen Sie vorher noch cm in m um!

130 cm = 1,30 m

$A = a \cdot a$
$A = 1{,}30 \text{ m} \cdot 1{,}30 \text{ m}$
$A = \mathbf{1{,}69\ m^2}$

Für die Decke werden 1,69 m^2 Stoff gebraucht.

4.

	Seitenlänge a	Flächeninhalt A	Umfang U
a)	a = 12 cm	**A = 144 cm²**	**U = 48 cm**
b)	**a = 5 m**	A = 25 m²	**U = 20 m**
c)	**a = 10 dm**	**A = 100 dm²**	U = 40 dm

a) Rechnen Sie wie bisher nach den Formeln!

b) Berechnen Sie erst die Seite a, indem Sie $\sqrt{A}$ ziehen. Anschließend errechnen Sie U nach der bekannten Formel.

c) Berechnen Sie erst die Seite a, indem Sie die Formel für den Umfang nach a umstellen.

$U = 4 \cdot a \quad |:4$
$a = U : 4$

Berechnen Sie dann A nach der bekannten Formel.

5.3. Das Rechteck

1.

a) Schreiben Sie zunächst auf, was gegeben und was gesucht ist.

gegeben: $a = 5\ dm$
$b = 3\ dm$

gesucht: U, A

Schreiben Sie dann den Rechenweg auf. Fangen Sie mit der Formel zur Berechnung an. Setzen Sie nun für a und b die jeweiligen Zahlen ein und rechnen Sie aus.

Lösung:

$U = a + b + a + b$
$U = 5\ dm + 3\ dm + 5\ dm + 3\ dm$
$\mathbf{U = 16\ dm}$

$A = a \cdot b$
$A = 5\ dm \cdot 3\ dm$
$\mathbf{A = 15\ dm^2}$

Halten Sie stets diese Reihenfolge der Arbeitsschritte ein! Dann kann nichts schief gehen.

b) gegeben: $a = 2{,}10\ m$
$b = 1{,}85\ m$

gesucht: U, A

Lösung:

$U = 2 \cdot a + 2 \cdot b$
$U = 2 \cdot 2{,}10\ m + 2 \cdot 1{,}85\ m$
$\mathbf{U = 7{,}90\ m}$

$A = a \cdot b$
$A = 2{,}10\ m \cdot 1{,}85\ m$
$\mathbf{A = 3{,}885\ m^2}$

c) gegeben: $a = 17\ cm$
$b = 10{,}4\ cm$

gesucht: U, A

Lösung:

$U = 2 \cdot (a + b)$
$U = 2 \cdot (17\ cm + 10{,}4\ cm)$
$U = 2 \cdot 27{,}4\ cm$
$\mathbf{U = 54{,}8\ cm}$

$A = a \cdot b$
$A = 17\ cm \cdot 10{,}4\ cm$
$\mathbf{A = 176{,}8\ cm^2}$

d) **Lösung:**

$\mathbf{U = 1.230\ m}$

$\mathbf{A = 93.500\ m^2}$

2.

	Seite a (Länge)	Seite b (Breite)	Flächeninhalt A	Umfang U
a)	25 dm	18,4 dm	**460 dm²**	**86,8 dm**
b)	20 m	**30 m**	600 m²	**100 m**
c)	**45 cm**	31 cm	1395 cm²	**152 cm**
d)	35 m	**10 m**	**350 m²**	90 m
e)	20,08 m	13,4 m	**269,072 m²**	**66,96 m**

a) Berechnen Sie A und U nach den bekannten Formeln!

b) Berechnen Sie erst die Seite b; stellen Sie dazu die Flächenformel nach b um! (b = A : a)

Nun können Sie den Umfang berechnen.

c) Berechnen Sie erst mit Hilfe der Flächenformel die Seite a. (a = A : b)
Danach können Sie den Umfang berechnen.

d) Stellen Sie die Formel U = 2 · (a + b) nach b um! Berechnen Sie so erst die Seite b und anschließend den Flächeninhalt A!

$$U = 2 \cdot (a + b) \quad |:2$$

$$\frac{U}{2} = a + b \quad |-a$$

$$\frac{U}{2} - a = b$$

$$b = \frac{90}{2}\,\text{m} - 35\,\text{m}$$

$$\mathbf{b = 10\,m}$$

e) Berechnen Sie A und U nach den bekannten Formeln!

3. Schaffen Sie bei Textaufgaben immer erst einmal Ordnung!
Was ist gegeben? Was ist gesucht?

a) gegeben: a = 4,80 m
b = 4,15 m

(Sie können die Zahlen für a und b auch vertauschen.)

gesucht: A

Lösung: A = a · b
A = 4,80 m · 4,15 m
A = 19,92 m²

Es müssen 19,92 m² Teppichboden verlegt werden.

b) Nehmen Sie nun die m^2 mit den Kosten pro m^2 mal.

$19{,}92\ m^2 \cdot 32{,}95\ €/m^2 = 656{,}364\ € \approx$ **656,36 €**

Der neue Teppichboden kostet 656,36 €.

4. gegeben: $a = 0{,}9\ km = 900\ m$
$b = 12\ m$

gesucht: A

Lösung: $A = a \cdot b$
$A = 900\ m \cdot 12\ m$
$\mathbf{A = 10.800\ m^2}$

5. Rechnen Sie für jedes Angebot aus:

- die Größe der einzelnen Zimmer
- die Gesamtgröße der Wohnung (Addieren aller Flächen der Zimmer)
- die Miete ($m^2 \cdot$ Preis/m^2)

Angebot 1:

3,80 m · 4,10 m =	15,58 m^2	
2,70 m · 2,30 m =	6,21 m^2	
3,00 m · 2,10 m =	6,30 m^2	
3,80 m · 3,30 m =	12,54 m^2	
3,75 m · 2,25 m =	8,44 m^2	*(auf 2 Stellen gerundet)*
Gesamt =	49,07 m^2	

$49{,}07\ m^2 \cdot 9{,}95\ €/m^2 =$ **448,25 €**

Angebot 2:

5,30 m · 4,80 m =	25,44 m^2	
3,20 m · 2,50 m =	8,00 m^2	
3,75 m · 3,50 m =	13,13 m^2	*(auf 2 Stellen gerundet)*
2,05 m · 2,60 m =	5,33 m^2	
Gesamt =	51,90 m^2	

$51{,}9\ m^2 \cdot 9{,}35\ €/m^2 =$ **485,27 €**

Angebot 2 ist (etwas) günstiger.

5.4. Das Dreieck

1. Setzen Sie in die Formel $A = \frac{g \cdot h_g}{2}$ die entsprechenden Zahlen ein und berechnen Sie! Runden Sie das Ergebnis ggf. auf 2 Stellen nach dem Komma.

	g	h_g	A
a)	25 cm	17,5 cm	**218,75 cm²**
b)	3,4 dm	2,8 dm	**4,76 dm²**
c)	11,65 m	8,45 m	**49,22 m²**
d)	13 cm	13 cm	**84,5 cm²**
e)	9,05 m	4,88 m	**22,082 m²**

2. Arbeiten Sie wieder in der Reihenfolge: gegeben, gesucht, Lösung!

gegeben: $A = 320\ m^2$
$h_g = 16\ m$

gesucht: Grundseite g

Lösung: Stellen Sie die Formel zur Flächenberechnung nach g um!

$$A = \frac{g \cdot h_g}{2} \qquad | \cdot 2$$

$$A \cdot 2 = g \cdot h_g \qquad | : h_g$$

$$\frac{A \cdot 2}{h_g} = g$$

Seiten vertauschen!

$$g = \frac{A \cdot 2}{h_g}$$

Setzen Sie nun die Werte für A und h_g ein und berechnen Sie!

$$g = \frac{320\ m^2 \cdot 2}{16\ m}$$

$$\mathbf{g = 40\ m}$$

Die Grundseite ist 40 m lang.

3. gegeben: $g = 10{,}30\ m$
$h_g = 4{,}20\ m$

gesucht: A in m^2

Lösung:

$$A = \frac{g \cdot h_g}{2}$$

$$A = \frac{10{,}30\ m^2 \cdot 4{,}20\ m}{2}$$

$$\mathbf{A = 21{,}63\ m^2}$$

Es sind 21,63 m^2 zu streichen.

4.

a) Es sind die Flächen der Teile 1–3 zu berechnen. Achten Sie darauf, dass Teil 1 und Teil 2 je 2 × zugesägt werden müssen.

Teil 1:

$$A_1 = \frac{g \cdot h_g}{2}$$

$$A_1 = \frac{250\ mm \cdot 216\ mm}{2}$$

$$A_1 = \mathbf{27.000\ mm^2}$$

Teil 2:

$A_2 = a \cdot b$
$A_2 = 250\ mm \cdot 188\ mm$
$A_2 = \mathbf{47.000\ mm^2}$

Teil 3:

$A_3 = a \cdot b$
$A_3 = 250\ mm \cdot 160\ mm$
$A_3 = \mathbf{40.000\ mm^2}$

Fassen Sie die Flächen zusammen! Rechnen Sie das Ergebnis um in m^2!

27.000 mm^2	(Teil 1)
27.000 mm^2	(Teil 1)
47.000 mm^2	(Teil 2)
47.000 mm^2	(Teil 2)
+ 40.000 mm^2	(Teil 3)
188.000 mm^2	

188.000 mm^2 = **0,188 m^2**

Es werden 0,188 m^2 Sperrholz benötigt.

b) Nehmen Sie die m^2 mit dem m^2-Preis mal. So errechnen Sie die Kosten für das Holz.

$0{,}188\ m^2 \cdot 10{,}50\ €/m^2 = 1{,}974\ € \approx \mathbf{1{,}97\ €}$

Das Holz kostet 1,97 €.

5. Rechnen Sie jeweils eine Fläche der Elemente A, B und C aus.

Diese Fläche nehmen Sie dann mal 2 (weil Vorder- und Rückseite beklebt werden) und multiplizieren danach mit der Anzahl der Dekoelemente. (A · 2, B · 3, C · 1)

Zählen Sie dann alle Flächen zusammen und rechnen Sie in m^2 um!

Dekoelement A: $A = \frac{g \cdot h_g}{2}$

$A = \frac{30\ cm \cdot 45\ cm}{2}$

$A = 675\ cm^2$

$675\ cm^2 \cdot 2\ Seiten \cdot 2\ Elemente = \mathbf{2.700\ cm^2}$

Dekoelement B: $1.350\ cm^2$

$1.350\ cm^2 \cdot 2\ Seiten \cdot 3\ Elemente = \mathbf{8.100\ cm^2}$

Dekoelement C: $2.550\ cm^2$

$2.550\ cm^2 \cdot 2\ Seiten \cdot 1\ Element = \mathbf{5.100\ cm^2}$

Zusammen: $2.700\ cm^2 + 8.100\ cm^2 + 5.100\ cm^2 = 15.900\ cm^2$

$= \mathbf{1{,}59\ m^2}$

5.5. Das Trapez

1. Verwenden Sie die Formel zur Flächenberechnung eines Trapezes. Setzen Sie für a, c und h die jeweilige Zahl ein und berechnen Sie!

   Achten Sie darauf, nur gleiche Maßeinheiten miteinander zu berechnen! Rechnen Sie, wenn erforderlich, um!

	a	c	h	A
a)	5 m	8 m	4 m	**26 m²**
b)	15,5 cm	21,3 cm	10,7 cm	**196,88 cm²**
c)	16 dm	12 dm	5,5 dm	**77 dm²**
d)	90 cm	1,45 m	7 dm	**0,8225 m²**
e)	540 cm	87 dm	3,20 m	**22,56 m²**

a) $A = \frac{(a + c) \cdot h}{2}$

$A = \frac{(5\text{ m} + 8\text{ m}) \cdot 4\text{ m}}{2}$

$A = \mathbf{26\ m^2}$

Geben Sie auch auf dem Taschenrechner a + c mit einer Klammer ein!
(a + c)

oder

Sie drücken nach a + c das = Zeichen und rechnen danach erst durch 2 mal h.

Dieses ist erforderlich, weil Ihr Taschenrechner sonst automatisch Punkt- vor Strichrechnung berücksichtigt. Und das würde zu falschen Ergebnissen führen.

b) Rechnen Sie diese wie Aufgabe a)

c) Rechnen Sie diese wie Aufgabe a)

d) Rechnen Sie alle Werte in eine Maßeinheit um! Welche Maßeinheit Sie wählen, ist Ihre Entscheidung.

a = 90 cm	a = 9,0 dm	a = 0,9 m
c = 145 cm	c = 14,5 dm	c = 1,45 m
h = 70 cm	h = 7,0 dm	h = 0,7 m
▽	▽	▽
A = **8.225 cm²**	A = **82,25 dm²**	A = **0,8225 m²**

e) A = 225.600 cm²
A = 2.256 dm²
A = **22,56 m²**

2. Suchen Sie in der Zeichnung die parallel verlaufenden Seiten a und c und dann die Höhe h!

gegeben: a = 3,30 m
c = 2,50 m
h = 3,50 m

gesucht: A in m²

Lösung: $A = \frac{(a + c) \cdot h}{2}$

$A = \frac{(3{,}30\ m + 2{,}50\ m)}{2} \cdot 3{,}50\ m$

A = **10,15 m²**

10,15 m² müssen verglast werden.

3. Ordnen Sie die Seiten wieder nach a, c und h. Setzen Sie die Zahlen in die Formel ein und berechnen Sie! Rechnen Sie (a + c) mit Klammer oder a + c =

gegeben: a = 4 m
c = 55 m
h = 10 m

gesucht: A in m²

Lösung: $A = \frac{(a + c) \cdot h}{2}$

$A = \frac{(4\ m + 55\ m)}{2} \cdot 10\ m$

A = **295 m²**

Die Querschnittsfläche des Deiches beträgt 295 m².

4. Eine Skizze ist beim Zuordnen der Maße oft hilfreich.

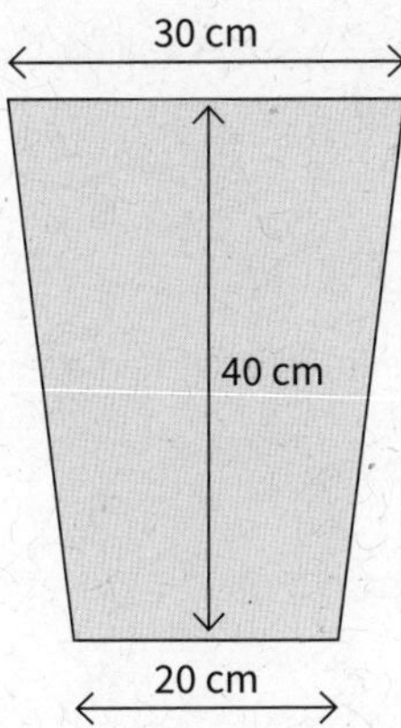

$$A = \frac{(30\text{ cm} + 20\text{ cm})}{2} \cdot 40\text{ m}$$

$A = 1.000\text{ cm}^2$

Beachten Sie, dass für den Papierkorb 4 solcher Seiten benötigt werden. Rechnen Sie also das Ergebnis mal 4.

Rechnen Sie abschließend die cm^2 in dm^2 und m^2 um!

$4 \cdot A = 4 \cdot 1.000\text{ cm}^2$
$= \mathbf{4.000\text{ cm}^2}$
$= \mathbf{40\text{ dm}^2}$
$= \mathbf{0{,}4\text{ m}^2}$

Andreas braucht für den Papierkorb 0,4 m^2 Sperrholz.

5.6. Der Kreis

Die Größe eines Kreises wird bestimmt von seinem Durchmesser bzw. seinem Radius. Prägen Sie sich den Unterschied zwischen Radius und Durchmesser gut ein!

Der **Durchmesser geht** durch den Kreis hin**durch**.

Die Formeln für die Berechnung von Kreisumfang und Kreisfläche mit Hilfe des Radius lassen sich relativ gut merken:

$U = \pi \cdot r \cdot \mathbf{2}$

$A = \pi \cdot r^{\mathbf{2}}$

Wie das ^{2} bei den Maßeinheiten der Fläche (cm^2, m^2 usw.)

Mit diesen Formeln können Sie auch arbeiten, wenn nicht der Radius, sondern der Durchmesser gegeben ist.

Sie müssen dann nur die Hälfte des Durchmessers ermitteln (d : 2 = r) und für r einsetzen:

r = d : 2 **d = 2 · r**

1. Ist der Durchmesser d gegeben, berechnen Sie r, indem Sie d : 2 teilen.

Ist der Radius r gegeben, berechnen Sie d, indem Sie r · 2 rechnen.

	Durchmesser d	**Radius r**
a)	300 cm (300 cm : 2 = 150 cm)	**150 cm**
b)	**150 mm**	75 mm (75 mm · 2 = 150 mm)
c)	2,50 m (2,50 m : 2 = 1,25 m)	**1,25 m**
d)	**1,36 m**	0,68 m (0,68 m · 2 = 1,36 m)
e)	45 dm (45 dm : 2 = 22,5 dm)	**22,5 dm**

2. Die Aufgaben a – d werden über den Durchmesser berechnet.

oder

Sie halbieren den Durchmesser und rechnen über den Radius.

Verwenden Sie für π den Wert 3,14!

a)

über den Durchmesser	**über den Radius**
$d = 1{,}20\ m$	$d = 1{,}20\ m \triangleright r = d : 2 \triangleright r = 1{,}20\ m : 2$ $r = 0{,}60\ m$
$U = \pi \cdot d$	$U = \pi \cdot r \cdot 2$
$U = 3{,}14 \cdot 1{,}20\ m$	$U = 3{,}14 \cdot 0{,}60\ m \cdot 2$
$U = 3{,}768\ m$	$U = 3{,}768\ m$
$A = \frac{\pi \cdot d^2}{4}$	$A = \pi \cdot r^2$
$A = \frac{3{,}14 \cdot (1{,}20\ m)^2}{4}$	$A = 3{,}14 \cdot (0{,}60\ m)^2$
$\mathbf{A = 1{,}1304\ m^2}$	$\mathbf{A = 1{,}1304\ m^2}$

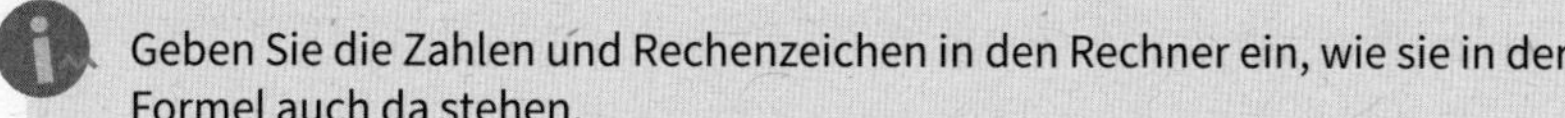

Geben Sie die Zahlen und Rechenzeichen in den Rechner ein, wie sie in der Formel auch da stehen.

Also: 3,14 mal 1,20 hoch 2 (dazu Taste x^2 drücken) geteilt durch 4; ist gleich!

b) **U = 141,3 cm** **A = 1.589,625 cm²**

c) **U = 0,942 m** **A = 0,07065 m²**

d) **U = 816,4 mm** **A = 53.066 mm²**

Die Aufgaben e – f rechnen Sie über die Formeln zur Berechnung mit dem Radius

$U = \pi \cdot r \cdot 2$ **$A = \pi \cdot r^2$**

e) **U = 5,024 m** **A = 2,0096 m²**
Geben Sie in den Rechner ein: 3,14 mal 0,8 Taste x^2; ist gleich

f) **U = 483,56 cm** **A = 18.617,06 cm²**

g) **U = 2.135,2 mm** **A = 362.984 mm²**

h) **U = 60,288 dm** **A = 289,3824 dm²**

3. Die Skizze soll Ihnen beim Lösen der Aufgabe helfen.

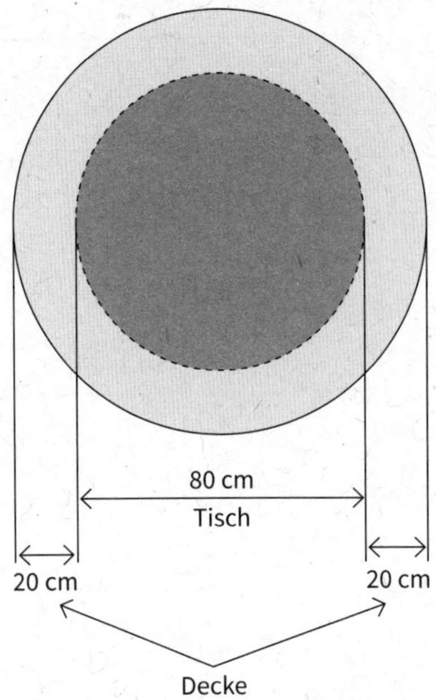

a) Zählen Sie den überhängenden Rand + Tischdurchmesser + überhängenden Rand an der anderen Seite zusammen.

20 cm + 80 cm + 20 cm = 120 cm

d = 120 cm

Die Decke hat einen Durchmesser von 120 cm.

b) $A = \frac{\pi \cdot d^2}{4}$

$A = 11.304\ cm^2$

Die Decke hat einen Flächeninhalt von 11.304 cm^2.

c) Gesucht ist der Umfang in Meter.
$U = \pi \cdot d$
$U = 376,8\ cm$

Rechnen Sie in Meter um! Runden Sie dann auf 2 Stellen nach dem Komma!

376,8 cm = 3,768 m ≈ **3,77 m**

Es müssen 3,77 m Satinband gekauft werden.

d) Berechnen Sie zunächst die Kosten für den Stoff, indem Sie die Fläche mit dem m^2-Preis mal nehmen. Rechnen Sie vorher noch die cm^2 in m^2 um!

11.304 cm^2 = 1,1304 m^2
1,1304 m^2 · 10,75 € = **12,15 €**

Berechnen Sie nun das Band, indem Sie den Umfang mit dem m-Preis für das Satinband mal nehmen.

3,77 m · 1,40 € = 5,278 € ≈ **5,28 €**

Zählen Sie die Preise für den Stoff, das Satinband und das Nähgarn zusammen. Dann haben Sie die Materialkosten berechnet.

	12,15 €
+	5,28 €
+	0,65 €
=	**18,08 €**

Das Material für die Decke kostet 18,08 €.

4. Ordnen Sie zunächst die Fakten nach gegeben und gesucht! Verwenden Sie zur Berechnung die bekannte Formel! Runden Sie das Ergebnis auf 2 Stellen nach dem Komma!

gegeben: d = 3,50 m
gesucht: A

Lösung: $A = \frac{\pi \cdot d^2}{4}$

$A = \frac{3,14 \cdot (3,50\ m)^2}{4}$

$A = 9,61625\ m^2$ ≈ **$9,62\ m^2$**

Es sind mindestens 9,62 m^2 Fläche für den Aufbau vorzubereiten.

5. Da nur die Fläche gegeben ist, muss zunächst die Formel zur Flächenberechnung nach dem Radius r umgestellt werden.

Haben Sie den Radius berechnet, können Sie auch den Umfang ermitteln.

gegeben: $A = 1.256\ m^2$

gesucht: r, U

Lösung:

$$A = \pi \cdot r^2 \quad |:\pi$$

$$\frac{A}{\pi} = r^2 \quad |\sqrt{}$$

$$r = \frac{\sqrt{A}}{\pi}$$

$$r = \frac{\sqrt{1.256\ m^2}}{\pi}$$

$$\mathbf{r = 20\ m}$$

Der Radius beträgt 20 m.

Nun können Sie den Umfang berechnen.

$U = \pi \cdot r \cdot 2$
$U = 3{,}14 \cdot 20\ m \cdot 2$
$\mathbf{U = 125{,}6\ m}$

Der Umfang beträgt 125,6 m.

6. Überlegen Sie, was gesucht und was gegeben ist.

gegeben: $d = 30\ m$

gesucht: U

Lösung:

$U = \pi \cdot d$
$U = 3{,}14 \cdot 30\ m$
$U = \mathbf{94{,}20\ m}$

Sie haben ca. 94,20 m zurückgelegt.

5.7. Einfache zusammengesetzte Flächen

1.

a) Zerlegen Sie diese Flächen vorteilhaft in Teilflächen!

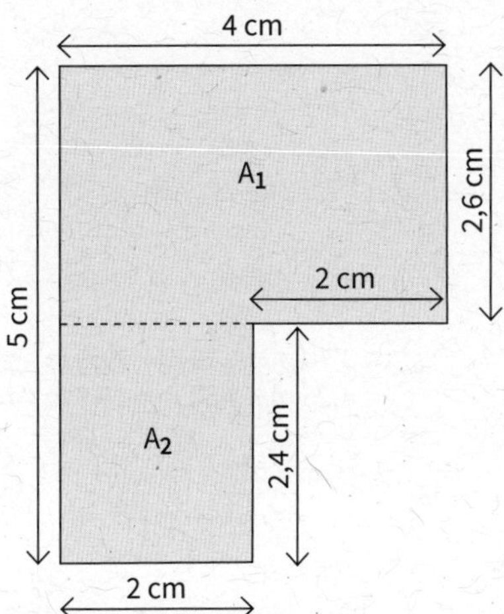

Berechnung von A_1:

gegeben: a = 4 cm
b = 2,6 cm

Lösung: $A_1 = a \cdot b$
$A_1 = 4\text{ cm} \cdot 2{,}6\text{ cm}$
$\mathbf{A_1 = 10{,}4\text{ cm}^2}$

Berechnung von A_2:

gegeben: a = 2,0 cm
b = 2,4 cm

Lösung: $A_2 = a \cdot b$
$A_2 = 2{,}0\text{ cm} \cdot 2{,}4\text{ cm}$
$\mathbf{A_2 = 4{,}8\text{ cm}^2}$

Berechnung von A_{gesamt}:

$A_{ges.} = A_1 + A_2$
$A_{ges.} = 10{,}4\text{ cm}^2 + 4{,}8\text{ cm}^2$
$\mathbf{A_{ges.} = 15{,}2\text{ cm}^2}$

b) Zerlegen Sie die Fläche in ein Rechteck und ein Dreieck.

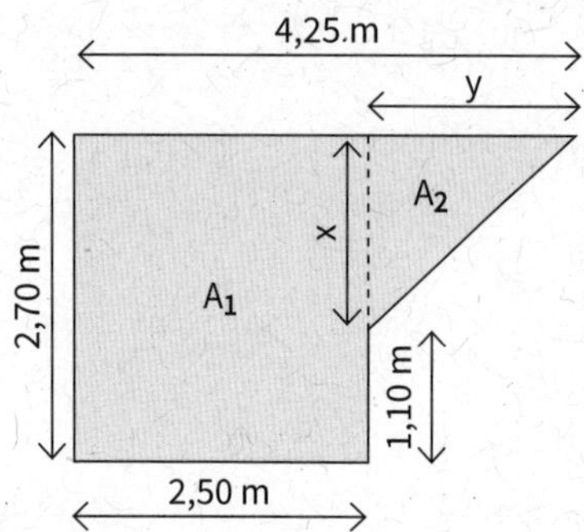

$A_1 = 2{,}50\ m \cdot 2{,}70\ m$
$\mathbf{A_1 = 6{,}75\ m^2}$

$A_2: x = 2{,}70\ m - 1{,}10\ m = 1{,}60\ m = g$
$y = 4{,}25\ m - 2{,}50\ m = 1{,}75\ m = h_g$

$$A_2 = \frac{1{,}60\ m \cdot 1{,}75\ m}{2}$$

$\mathbf{A_2 = 1{,}40\ m^2}$

$A_{ges.} = A_1 + A_2$
$\mathbf{A_{ges.} = 8{,}15\ m^2}$

c) Zerlegen Sie die Fläche in einen Halbkreis und ein Rechteck.

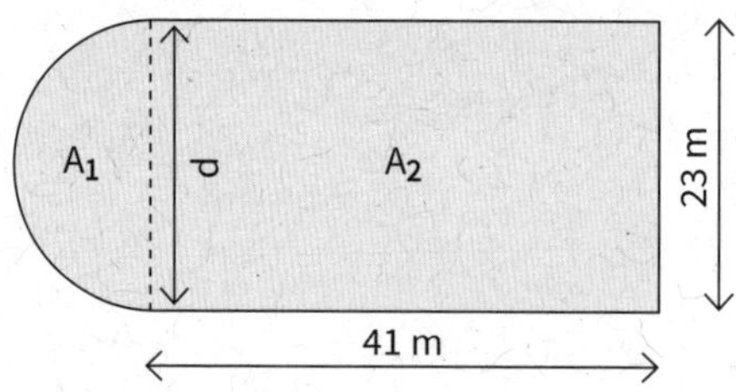

Der Durchmesser des Halbkreises entspricht der kurzen Seite des Rechteckes.

A_1:

gegeben: $d = 23\ m$

Lösung: $A_1 = \frac{(\pi \cdot d^2) : 2}{4}$ *(weil nur ein Halbkreis)*

$\mathbf{A_1 = 207{,}6325\ m^2 \approx 207{,}63\ m^2}$

A_2:

$A_2 = 23\ m \cdot 41\ m$
$\mathbf{A_2 = 943\ m^2}$

$\mathbf{A_{ges.} = 1.150{,}63\ m^2}$

d)

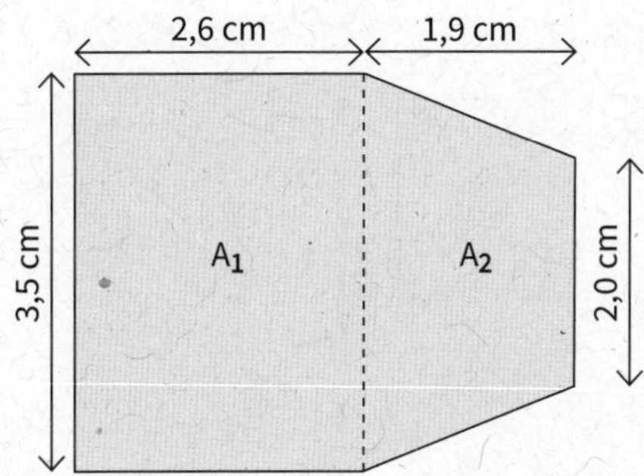

$A_1 = 2{,}6\text{ cm} \cdot 3{,}5\text{ cm}$
$\mathbf{A_1 = 9{,}1\text{ cm}^2}$

$A_2\text{ (Trapez)} = \frac{(2{,}0\text{ cm} + 3{,}5\text{ cm}) \cdot 1{,}9\text{ cm}}{2}$

$\mathbf{A_2 = 5{,}225\text{ cm}^2}$

$\mathbf{A_{ges.} = 14{,}325\text{ cm}^2}$

2. Die Fläche des Drachens kann in 2 Dreiecke zerlegt werden. Es ist günstig, die Diagonale **e** als Grundseite beider Dreiecke zu nehmen, da so 2 gleichgroße Dreiecksflächen entstehen. Die Hälfte der Diagonale f ist dann die Höhe auf der Grundseite.

Sie müssen also nur eine Dreiecksfläche berechnen, diese mal **2** nehmen und Sie erhalten die Gesamtfläche des Drachens.

gegeben: $g = e = 90\text{ cm}$

$h_g = \frac{f}{2} = \frac{80\text{ cm}}{2} = 40\text{cm}$

Lösung: $A_1 = \frac{g \cdot h_g}{2}$

$\mathbf{A_1 = 1.800\text{ cm}^2}$

$A_{ges.} = 2 \cdot A_1$
$\mathbf{A_{ges.} = 3.600\text{ cm}^2}$

3. Berechnen Sie zunächst die Gesamtfläche des Zimmers.

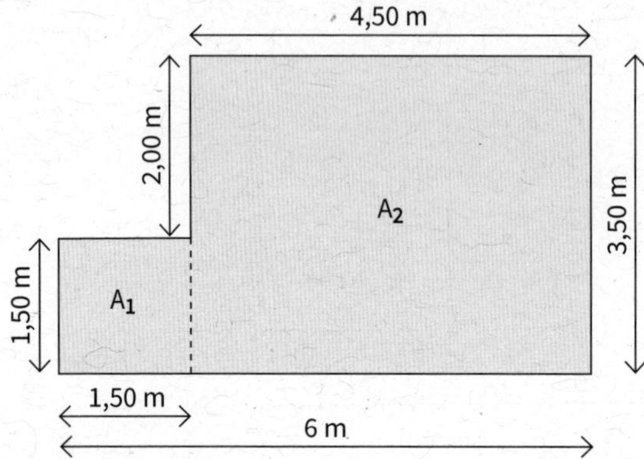

$A_1 = 2{,}25\ m^2$
$A_2 = 15{,}75\ m^2$
$A_{ges.} = 18\ m^2$

Nehmen Sie nun die Fläche des Zimmers mal dem m^2-Preis.

$18\ m^2 \cdot 8{,}95\ €/m^2 =$ **161,10 €**

Lydia muss für den Teppichboden 161,10 € bezahlen.

6. Körperberechnungen

6.1. Raummaße/Volumenmaße

6.1.1. Umrechnungen in die nächste größere/kleinere Maßeinheit

1. Rechnen Sie in die geforderte Maßeinheit um. Entscheiden Sie dabei selbst, ob die Zahl größer oder kleiner werden muss!

570 dm^3 = **0,57 m^3**
(Maßeinheit wird größer ▷ Zahl wird kleiner ▷ Komma nach links)

28 cm^3 = **28.000 mm^3**
(Maßeinheit wird kleiner ▷ Zahl wird größer ▷ Komma nach rechts)

0,4 m^3 = **400 dm^3**
(Maßeinheit wird kleiner ▷ Zahl wird größer ▷ Komma nach rechts)

68,1 dm^3 in m^3	= **0,0681 m^3**	27.918 mm^3 in cm^3	= **27,918 cm^3**
75 m^3 in dm^3	= **75.000 dm^3**	190,355 cm^3 in dm^3	= **0,190355 dm^3**
450.000 mm^3 in cm^3	= **450 cm^3**	350,75 m^3 in dm^3	= **350.750 dm^3**

6.1.2. Umrechnungen über mehrere Einheiten

Überlegen Sie zuerst, wie die Maßeinheit wird, in die umgerechnet werden soll. **Für jede Maßeinheit** rückt das Komma **3 Stellen**.

1. 0,02 dm³ = ? mm³

Maßeinheit wird kleiner ▹ Zahl wird größer
2 Maßeinheiten ▹ Komma 2 · 3 Stellen nach rechts

0,02 dm³ = 0 0 2 0 0 0 0 mm³ = **20.000 mm³**

Komma

4,1 m³ = ? cm³

Maßeinheit wird kleiner ▹ Zahl wird größer
2 Maßeinheiten ▹ Komma 2 · 3 Stellen nach rechts

4,1 m³ = 4 1 0 0 0 0 0 cm³ = **4.100.000 cm³**

Komma

450.000 mm³ = ? dm³

Maßeinheit wird größer ▹ Zahl wird kleiner
2 Maßeinheiten ▹ Komma 6 Stellen nach links

450.000 mm³ = 0 , 4 5 0 0 0 0 dm³ = **0,45 dm³**

Komma

57,6 dm³	= **57.600.000 mm³**	0,4 m³	= **400.000.000 mm³**
125.000 dm³	= **125.000.000.000 mm³**	28 dm³	= **28.000.000 mm³**
5.000.000 mm³	= **0,005 m³**	580.000 cm³	= **0,58 m³**
0,000 000 085 m³	= **85 mm³**	0,001 m³	= **1.000.000 mm³**
0,034 m³	= **34.000 cm³**		

Sie können die Kommastelle auch wieder mit einem Stift „anpeilen“. Überlegen Sie, in welche Richtung das Komma rücken muss. Dann zählen Sie die Maßeinheiten ab und rücken jedes Mal mit dem Stift 3 Stellen weiter.

Beispiel:

0,000 000 085 m^3 = ? mm^3 *Komma muss nach rechts*

0 , 0 0 0 0 0 0 0 8 5 m^3 = 85,0 mm^3

Komma

2. Schreiben Sie die Aufgaben zunächst in Ihr Heft ab! Schreiben Sie anschließend die umgerechneten Werte darunter und zählen Sie dann zusammen!

Wandeln Sie in dm^3 um!

0,03 m^3 + 25.000 cm^3 + 900.000 mm^3 = ? dm^3
30 dm^3 + 25 dm^3 + 0,9 dm^3 = **55,9 dm^3**

7,82 m^3 + 1.500.000 mm^3 + 45.300 cm^3 = ? dm^3
7.820 dm^3 + 1,5 dm^3 + 45,3 dm^3 = **7.866,8 dm^3**

6.1.3. Anwendungsaufgaben

1. Ermitteln Sie zuerst den Erdbedarf für die verschiedenen Gefäße.

3 · 14,4 dm^3 = 43,2 dm^3
2 · 18.000 cm^3 = 36.000 cm^3
2 · 64.000 cm^3 = 128.000 cm^3
1 · 144 dm^3 = 144 dm^3

Rechnen Sie nun diese Ergebnisse in m^3 um und zählen Sie zusammen.

43,2 dm^3 = 0,0432 m^3
36.000 cm^3 = + 0,036 m^3
128.000 cm^3 = + 0,128 m^3
144 dm^3 = + 0,144 m^3

= 0,3512 m^3

Sabrina muss 0,3512 m^3 Erde einplanen.

2. Bringen Sie die beiden Volumen auf dieselbe Maßeinheit.

Rechnen Sie dazu m^3 in dm^3 um.

$0{,}51\ m^3 = 510\ dm^3$

Teilen Sie nun das große Volumen durch das kleine Volumen!

$510\ dm^3 : 2\ dm^3$/Luftballon = **255 Luftballons**

255 Luftballons passen in den Kofferraum.

3. Ein Jahr hat 365 Tage.

Berechnen Sie den Wasserverbrauch für 365 Vollbäder.

365 Bäder · $150\ dm^3$/Bad = $54.750\ dm^3$

Berechnen Sie nun den Wasserverbrauch für 365-mal duschen.

365 Duschgänge · $40\ dm^3$/Duschgang = $14.600\ dm^3$

Ziehen Sie von der großen Wassermenge die kleine Wassermenge ab.
So erhalten Sie die Wassereinsparung.

$54.750\ dm^3 - 14.600\ dm^3 = 40.150\ dm^3$

Es sind m^3 gesucht. Rechnen Sie das Ergebnis in m^3 um!

$40.150\ dm^3$ = **$40{,}15\ m^3$**

Ravi könnte so $40{,}15\ m^3$ Wasser im Jahr sparen.

4. gegeben: $1{,}5\ m^3$ Sand
$80\ dm^3$/Schubkarre

gesucht: Anzahl der Schubkarren

Lösung: Rechnen Sie die m^3 in dm^3 um!

$1{,}5\ m^3 = 1.500\ dm^3$

Teilen Sie die große Menge Sand durch die Sandmenge einer Schubkarre.
So erhalten Sie die Anzahl der Schubkarren.

$1.500\ dm^3 : 80\ dm^3$/Schubkarre = 18,75 Schubkarren

Das Ergebnis ist auf ganze Zahlen zu runden.

18,75 Schubkarren ≈ **19 Schubkarren**

Es ist 19 mal zu fahren.

6.2. Der Würfel

1. Arbeiten Sie nach den Formeln: $\mathbf{V = a \cdot a \cdot a}$ $\mathbf{A_O = 6 \cdot a^2}$

Setzen Sie in die Formel für die Seite a den jeweiligen Wert ein und rechnen Sie aus!

a) a = 25 cm

$V = a \cdot a \cdot a$
$V = 25\ cm \cdot 25\ cm \cdot 25\ cm$
$\mathbf{V = 15.625\ cm^3}$

$A_O = 6 \cdot a^2$
$A_O = 6 \cdot (25\ cm)^2$
$A_O = 6 \cdot 625\ cm^2$
$\mathbf{A_O = 3.750\ cm^2}$

Statt $\mathbf{V = a \cdot a \cdot a}$ können Sie mit Ihrem Taschenrechner auch $V = a^3$ rechnen.

Geben Sie dazu ein:

25 [y^x] 3 =

Für $\mathbf{A_O = 6 \cdot a^2}$ geben Sie in den Taschenrechner ein:

6 [×] 25 [x^2] =

b) a = 100 mm

$V = a^3$
$V = (100\ mm)^3$
$\mathbf{V = 1.000.000\ mm^3}$

$A_O = 6 \cdot a^2$
$A_O = 6 \cdot (100\ mm)^2$
$\mathbf{A_O = 60.000\ mm^2}$

c) a = 30,8 dm

$\mathbf{V = 29.218,112\ dm^3}$

$\mathbf{A_O = 5.691,84\ dm^2}$

d) a = 4,05 m

$\mathbf{V = 66,430\ m^3}$

$\mathbf{A_O = 98,415\ m^2}$

2. Stellen Sie die Formel zur Volumenberechnung nach der Seite a um!
Erst, wenn a bekannt ist, können Sie A_O berechnen.

a) $V = 5.832\ mm^3$
$V = a^3$ $\quad |\sqrt[3]{\ }$ *(3. Wurzel ziehen)*
$\sqrt[3]{V} = a$
$a = \sqrt[3]{5.832\ mm^3}$
$V = 18\ mm$

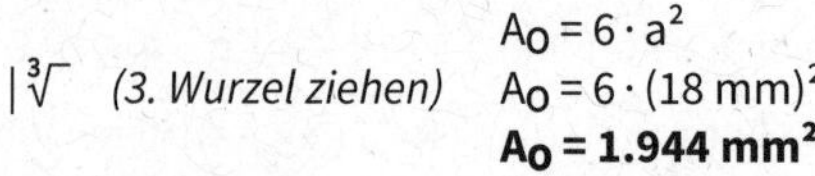

$A_O = 6 \cdot a^2$
$A_O = 6 \cdot (18\ mm)^2$
$A_O = 1.944\ mm^2$

Verwenden Sie beim Ziehen der 3. Wurzel die Taste $\boxed{\sqrt[3]{\ }}$ Ihres Taschenrechners!

Geben Sie ein: 5.832 $\boxed{\sqrt[3]{\ }}$ =

Der Taschenrechner zeigt dann die Länge der Seite „a" an.

b) $V = 140{,}608\ cm^3$
$a = \sqrt[3]{140{,}608\ cm^3}$
$a = 5{,}2\ cm$

$A_O = 6 \cdot a^2$
$A_O = 6 \cdot (5{,}2\ cm)^2$
$A_O = 162{,}24\ cm^2$

c) $V = 1.000\ dm^3$ **$a = 10\ dm$** **$A_O = 600\ dm^2$**

d) $V = 64.000\ m^3$ **$a = 40\ m$** **$A_O = 9.600\ m^2$**

3. Berechnen Sie das Volumen der Schachtel!

gegeben: $a = 15\ cm$

gesucht: V

Lösung: $V = a^3$
$V = (15\ cm)^3$
$V = 3.375\ cm^3$

Berechnen Sie das Volumen des Würfelzuckers!

gegeben: $a = 1\ cm$

Lösung: $V = a^3$
$V = (1\ cm)^3$
$V = 1\ cm^3$

Teilen Sie das große Volumen der Schachtel durch das kleine Volumen des Zuckerstückes! So erhalten Sie die Anzahl der Zuckerstücke, die in der Schachtel sind.

$3.375\ cm^3 : 1\ cm^3$/Stück = **3.375 Stück**

3.375 Stück Zucker sind in der Schachtel.

4. gegeben: 3 Kisten
$a = 45$ cm

gesucht: A_O in m^2

Lösung: Berechnen Sie die Körperoberfläche einer Kiste!
$A_O = 6 \cdot a^2$
$A_O = 6 \cdot (45 \text{ cm})^2$
$A_O = 12.150 \text{ cm}^2$

Nehmen Sie die Fläche einer Kiste mit 3 mal! Rechnen Sie in m^2 um!

$12.150 \text{ cm}^2 \cdot 3 = 36.450 \text{ cm}^2 =$ **$3{,}645 \text{ m}^2$**

$3{,}645 \text{ m}^2$ Dekorfolie werden benötigt.

6.3. Der Quader

1. Berechnen Sie das Volumen und die Oberfläche des Quaders.
Verwenden Sie dafür die Formeln:

$V = a \cdot b \cdot c$ und **$A_O = 2 \cdot (a \cdot b + b \cdot c + a \cdot c)$**

Setzen Sie für a, b und c die jeweiligen Werte ein und rechnen Sie aus!

a) $a = 25$ cm $b = 12{,}5$ cm $c = 9$ cm

$V = a \cdot b \cdot c$
$V = 25 \text{ cm} \cdot 12{,}5 \text{ cm} \cdot 9 \text{ cm}$
$V = 2.812{,}5 \text{ cm}^3$

$A_O = 2 \cdot (a \cdot b + b \cdot c + a \cdot c)$
$A_O = 2 \cdot (25 \cdot 12{,}5 + 12{,}5 \cdot 9 + 25 \cdot 9)$
$A_O = 1.300 \text{ cm}^2$

Für die Berechnung der Oberfläche geben Sie die Zahlen einschließlich der Klammer so ein, wie es in der Gleichung steht.

b) $a = 32$ mm $b = 24$ mm $c = 18$ mm

$V = 13.824 \text{ mm}^3$

$A_O = 2 \cdot (32 \text{ mm} \cdot 24 \text{ mm} + 24 \text{ mm} \cdot 18 \text{ mm} + 32 \text{ mm} \cdot 18 \text{ mm})$
$A_O = 3.552 \text{ mm}^2$

c) $V = 1{,}550775\ m^3$ $A_O = 8{,}263\ m^2$

d) Achten Sie auf die gleiche Maßeinheit! Rechnen Sie erst um!

a = 67 cm b = 235 mm = 23,5 cm c = 1,8 dm = 18 cm

$V = 28.341\ cm^3$ $A_O = 6.407\ cm^2$

e) a = 500 cm = 5 m b = 45 dm = 4,5 m c = 2,80 m

$V = 63\ m^3$ $A_O = 98{,}2\ m^2$

2. Ordnen Sie die Aufgabe nach gegeben und gesucht! Rechnen Sie dann aus!

gegeben: a = 25 m
b = 15 m
c = 3,50 m

gesucht: V in m^3

Lösung: $V = a \cdot b \cdot c$
$V = 25\ m \cdot 15\ m \cdot 3{,}50\ m$
$\mathbf{V = 1.312{,}5\ m^3}$

Es müssen 1.312,5 m^3 Wasser eingelassen werden.

3. Beachten Sie die Maßeinheit des Ergebnisses! Es ist vorteilhaft, die Innenmaße vor der Berechnung in dm umzurechnen, da das Volumen in Litern gesucht ist.

1 dm^3 = 1 Liter

gegeben: a = 70 cm = 7 dm
b = 40 cm = 4 dm
c = 50 cm = 5 dm

gesucht: V in Liter
1 l = 1 dm^3

Lösung: $V = a \cdot b \cdot c$
$V = 7\ dm \cdot 4\ dm \cdot 5\ dm$
$V = 140\ dm^3$
V = 140 l

Der Kühlschrank hat 140 Liter Fassungsvermögen.

4. Rechnen Sie die cm erst wieder in dm um!

a) gegeben: a = 50 cm = 5 dm
b = 50 cm = 5 dm
c = 40 cm = 4 dm

gesucht: V in Liter

Lösung: $V = 100\ dm^3 \triangleq 100\ l$
100 Liter · 2 Kübel = **200 l**

Es werden 200 Liter Erde benötigt.

b) Teilen Sie die benötigte Erdmenge durch den Inhalt eines Sackes Erde. So erhalten Sie die Anzahl der Säcke, die insgesamt benötigt werden. Die Anzahl der Erdsäcke mal dem Einzelpreis ergibt die Gesamtkosten.

200 l : 50 l/Sack = 4 Säcke Erde
4 Säcke · 10,00 €/Sack = **40,00 €**

Die Erde kostet 40,00 €.

5. **$V = 62{,}928\ m^3$** Fassungsvermögen

6.4. Der Zylinder

1. Berechnen Sie für folgende zylindrische Behälter das Volumen!
Setzen Sie in die Formel $V = \frac{\pi \cdot d^2}{4} \cdot h$ die jeweiligen Werte ein und berechnen Sie!

a) d = 30 cm h = 45 cm

$$V = \frac{\pi \cdot d^2}{4} \cdot h$$

$$V = \frac{3{,}14 \cdot (30\ cm)^2}{4} \cdot 45\ cm$$

$V = 31.792{,}5\ cm^3$

b) d = 2,10 m h = 3,05 m

$$V = \frac{3{,}14 \cdot (2{,}10\ m)^2}{4} \cdot 3{,}05\ m$$

$V = 10{,}5586\ m^3 \approx 10{,}56\ m^3$

Verwenden Sie für die Aufgaben c) und d) die Formel $V = \pi \cdot r^2 \cdot h$.

Da Sie nur mit gleichen Maßeinheiten rechnen können, müssen Sie eine Maßeinheit in jeder Aufgabe umrechnen; welche, ist Ihre Entscheidung!

c) $r = 45$ dm $h = 1{,}50$ m $= 15$ dm

$V = \pi \cdot r^2 \cdot h$
$V = 3{,}14 \cdot (45\ \text{dm})^2 \cdot 15\ \text{dm}$
$\mathbf{V = 95.377{,}5\ dm^3}$

d) $r = 0{,}75$ m $h = 400$ cm $= 4$ m

$V = 3{,}14 \cdot (0{,}75\ \text{m})^2 \cdot 4\text{m}$
$\mathbf{V = 7{,}065\ m^3}$

Geben Sie zur Berechnung in Ihren Taschenrechner folgende Befehle ein:

3,14 [×] 45 [x^2] [×] 15 [=]

2. gegeben: $h = 12$ cm
$d = 10$ cm

gesucht: V in l

Da die gesuchte Maßeinheit Liter sind, ist es vorteilhaft, die Maße in dm umzurechnen. (1 Liter = 1 dm^3)

$h = 1{,}2$ dm
$d = 1{,}0$ dm

Lösung: $V = \frac{\pi \cdot d^2}{4} \cdot h$

$V = \frac{3{,}14 \cdot (1\ \text{dm})^2}{4} \cdot 1{,}2\ \text{dm}$

$V = 0{,}942\ \text{dm}^3$

V = 0,942 l

Der Doseninhalt ist 0,942 Liter.

3.

a) gegeben: d = 60 cm
h = 1,20 m bis zur Hälfte gefüllt

gesucht: V in Liter

Da Liter gesucht sind, rechnen Sie zunächst alle Maße in dm um.
(1 Liter = 1 dm^3)

d = 6 dm
h = 12 dm

Lösung: $V = \frac{\pi \cdot d^2}{4} \cdot h$

$V = \frac{3{,}14 \cdot (6\ dm)^2}{4} \cdot 12\ dm$

$V = 339{,}12\ dm^3$

V = 339,12 l

Die Regentonne ist nur bis zur Hälfte gefüllt. Halbieren Sie deshalb auch das Volumen!

V = 339,12 l : 2
V = 169,56 l

In der Tonne befinden sich 169,56 Liter Regenwasser.

b) Teilen Sie die Menge Regenwasser, welches in der Tonne ist, durch die Menge Wasser, die in eine Gießkanne passt!

169,56 l : 10 l/Kanne = 16,956 Kannen ≈ **17 Kannen**

Es können rund 17 Kannen davon gefüllt werden.

4. Da Liter gesucht sind, ist es vorteilhaft, die Maße in dm umzurechnen.

gegeben: h = 1,30 m = 13 dm
r = 10 cm = 1 dm

gesucht: V in Liter

Lösung: **V = 40,82 Liter**

In der Säule sind 40,82 Liter Wasser.

5.

a) Die Beckentiefe entspricht der Höhe in der Gleichung. Ziehen Sie von den 30 cm Tiefe 10 cm ab, da das Wasser nur bis 10 cm unter den Rand eingelassen wird.

gegeben: d = 42 cm = 4,2 dm
h = 30 cm − 10 cm = 20 cm = 2 dm

gesucht: V in Liter

Lösung: V = 27,6948 l ≈ **27,7 l**

Es werden 27,7 Liter Wasser verbraucht.

b) Das Jahr hat 365 Tage.

Nehmen Sie diese 365 Tage mal 2 (es wird 2 x täglich abgewaschen).

365 Tage · 2 Waschgänge/Tag = 730 Waschgänge

In einem Jahr wird 730-mal abgewaschen. Nehmen Sie diese Anzahl der Waschgänge mit den Litern je Waschgang mal. Damit errechnen Sie den Wasser-Jahresverbrauch.

730 Waschgänge · 27,7 Liter/Waschgang = **20.221 Liter**

Der Wasserverbrauch im Jahr beträgt 20.221 Liter.

6. gegeben: d = 440 mm = 4,4 dm
h = 770 mm = 7,7 dm

Lösung: **V = 117,02 l**

Das Gerät hat ein Fassungsvermögen von 117,02 Litern.

6.5. Das Prisma

Für die Volumenberechnung von Prismen gilt grundsätzlich die Formel:

Volumen = Grundfläche · Höhe
$V = A_G \cdot h$

Je nach Form der Grundfläche (z. B.: Dreieck, Rechteck, Trapez usw.) können Sie dann die individuelle Formel für die Berechnung des Volumens aufstellen. Sie setzen dann für A_G einfach die jeweilige Formel zur Berechnung der Grundfläche ein.

Es können immer nur gleiche Maßeinheiten miteinander berechnet werden. So kann es auch möglich sein, dass eine der Maßeinheiten umzurechnen ist.

1. Berechnen Sie das Volumen der Prismen!

a) $V = A_G \cdot h$
$V = 365\ cm^2 \cdot 11,5\ cm$
$V = 4.197,5\ cm^3$

b) $A_G = 20,8\ dm^2$
$h = 45\ cm = 4,5\ dm$
$V = 20,8\ dm^2 \cdot 4,5\ dm$
$V = 93,6\ dm^3$

c) $A_G = 1,75\ m^2$
$h = 28,8\ dm = 2,88\ m$
$V = 1,75\ m^2 \cdot 2,88\ m$
$V = 5,04\ m^3$

2. Ordnen Sie zunächst die Maße richtig zu!

Für A_G: Dreiecksfläche $g = 10,5\ m$
$h_g = 7,88\ m$

Höhe des Prismas = Länge des Daches h = 19,40 m
(Das Prisma „liegt“ auf einer Seite.)

Berechnen Sie erst die Grundfläche A_G und danach dann das Volumen V.

$$A_G = \frac{g \cdot h_g}{2}$$

$$A_G = \frac{10,50\ m \cdot 7,88\ m}{2}$$

$$A_G = 41,37\ m^2$$

$V = A_G \cdot h$
$V = 41{,}37\ m^2 \cdot 19{,}40\ m$
$\mathbf{V = 802{,}578\ m^3}$

Das Dach hat ein Volumen von $802{,}578\ m^3$.

3. Berechnen Sie erst die Grundfläche A_G. Nehmen Sie anschließend dieses Ergebnis mit der Prismenhöhe mal. So errechnen Sie das Volumen des Prismas.

Zur Berechnung der Grundflächen A_G brauchen Sie die Formel für die Dreiecksfläche.

a)
$$A_G = \frac{g \cdot h_g}{2}$$

$$A_G = \frac{12\ cm \cdot 6{,}9\ cm}{2}$$

$A_G = 41{,}4\ cm^2$

$V = A_G \cdot h$
$V = 41{,}4\ cm^2 \cdot 18{,}7\ cm$
$\mathbf{V = 774{,}18\ cm^3}$

b) $A_G = 1{,}575\ dm^2$
$\mathbf{V = 5{,}67\ dm^3}$

c) $A_G = 5{,}4\ dm^2$
$\mathbf{V = 110{,}7\ dm^3}$

4. Berechnen Sie zunächst die Grundfläche A_G. Dieser Wert wird für die Lösung der Aufgaben a) und b) benötigt.

gegeben: $g = 10\ cm$
$h_g = 8{,}66\ cm$

$$A_G = \frac{g \cdot h_g}{2}$$

$$A_G = \frac{10\ cm \cdot 8{,}66\ cm}{2}$$

$A_G = 43{,}3\ cm^2$

a) Ist die Vase randvoll gefüllt, beträgt die Höhe $h = 35$ cm.

$V = A_G \cdot h$
$V = 43{,}3\ cm^2 \cdot 35\ cm$
$V = 1.515{,}5\ cm^3$

Rechnen Sie die cm^3 in dm^3 um ($1\ dm^3 = 1\ l$). Die Maßeinheit wird größer, die Zahl wird kleiner, das Komma rückt 3 Stellen nach links.

V = 1,516 l

b) Wird die Vase bis 5 cm unter den Rand mit Wasser gefüllt, so sind diese 5 cm von der Höhe h abzuziehen. Dann erst kann das Volumen berechnet werden.

h = 35 cm – 5 cm
h = 30 cm

$V = A_G \cdot h$
$V = 43{,}3\ cm^2 \cdot 30\ cm$
$V = 1.299\ cm^3$ *Rechnen Sie die cm^3 in Liter um!*
V = 1,299 l

Ist die Vase randvoll gefüllt, sind 1,516 Liter Wasser enthalten, ist sie bis 5 cm unter den Rand gefüllt, sind es 1,299 Liter.

5. In dieser Aufgabe steht das Prisma nicht auf der Grundfläche, sondern es „liegt". Es sind m^3 gesucht. Rechnen Sie zunächst alle Maße in m um.

gegeben: Grundfläche A_G: g = 140 cm = 1,40 m
h_g = 110 cm = 1,10 m

Höhe des Prismas = Länge des Zeltes: h = 220 cm = 2,20 m

gesucht: V in m^3

Lösung: $V = A_G \cdot h$

$$A_G = \frac{g \cdot h_g}{2}$$

$$A_G = \frac{1{,}40\ m \cdot 1{,}10\ m}{2}$$

$A_G = 0{,}77\ m^2$

$V = AG \cdot h$
$V = 0{,}77\ m^2 \cdot 2{,}20\ m$
$V = 1{,}694\ m^3$

Der Rauminhalt des Zeltes beträgt 1,694 m^3.

6.6. Einfache zusammengesetzte Körper

Um das Volumen eines zusammengesetzten Körpers berechnen zu können, brauchen Sie die Größe der Grundfläche und die Höhe des Körpers.

Ob der Körper auf der Grundfläche steht oder „auf der Seite liegt", ist für die Berechnung nicht wichtig. Sie müssen immer darauf achten, welches die zusammengesetzte Fläche ist. Diese nehmen Sie als Grundfläche A_G.

Die Grundfläche setzt sich aus mehreren Teilflächen zusammen, die Sie einzeln berechnen müssen. Die Teilflächen zählen Sie zusammen (= gesamte Grundfläche) und nehmen diesen Wert mit der Höhe des Körpers mal. So ermitteln Sie das Volumen des zusammengesetzten Körpers.

1. Die Giebelseite des Gewächshauses ist die Fläche A_G. Die Länge des Gewächshauses entspricht der Höhe des Prismas.

Berechnen Sie zunächst die Giebelseite des Gewächshauses. Diese setzt sich aus einem Rechteck und einem Dreieck zusammen.

Fertigen Sie sich eine Skizze an, teilen Sie die Teilflächen ein und schreiben Sie sich die notwendigen Maße nochmals dazu. Das erleichtert Ihnen das Berechnen.

Berechnung der Grundfläche A_G:

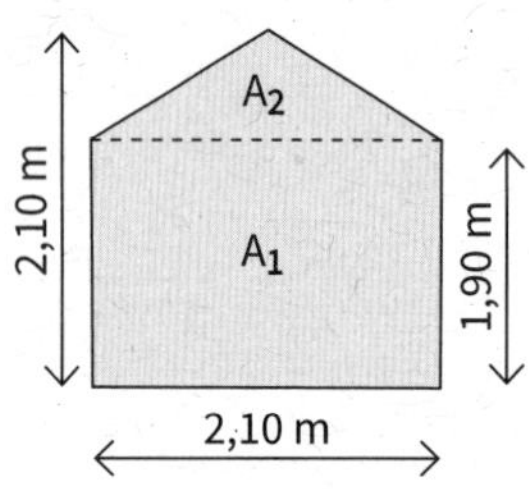

A_1 = Rechteck

A_2 = Dreieck
g = Seite a des Rechteckes
h_g = Gesamthöhe – Stehwandhöhe
(2,10 m – 1,90 m)

$A_1 = a \cdot b$

$A_1 = 2{,}10\ m \cdot 1{,}90\ m$

$A_1 = 3{,}99\ m^2$

$A_2 = \frac{g \cdot h_g}{2}$

$A_2 = \frac{2{,}10\ m \cdot 0{,}20\ m}{2}$

$A_2 = 0{,}21\ m^2$

$A_G = A_1 + A_2$

$A_G = 3{,}99\ m^2 + 0{,}21\ m^2$

$A_G = 4{,}2\ m^2$

Berechnung des Volumens:

$V = A_G \cdot h$
$V = 4{,}2\ m^2 \cdot 5{,}05\ m$
$\mathbf{V = 21{,}21\ m^3}$

Das Gewächshaus hat ein Volumen von $21{,}21\ m^3$.

2.

a) Skizze

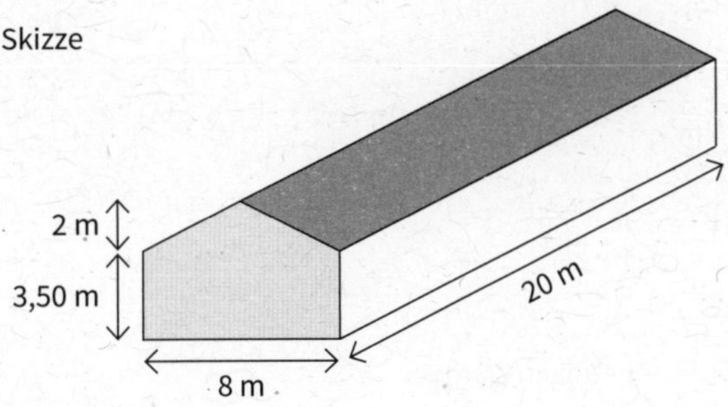

b) Giebelfläche

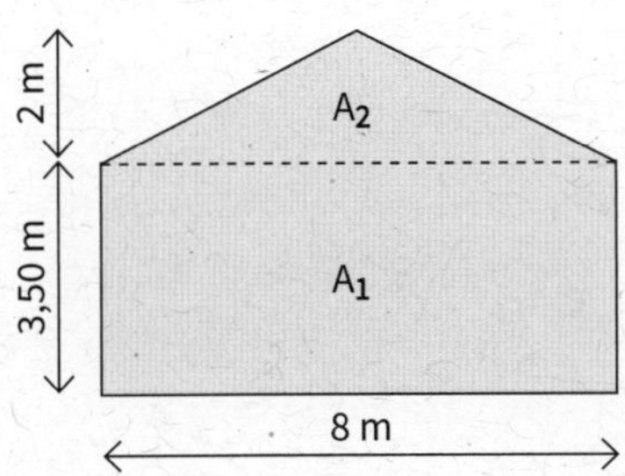

$A_1 = a \cdot b$	$A_2 = \frac{g \cdot h_g}{2}$	$A_G = A_1 + A_2$
$A_1 = 8\ m \cdot 3{,}50\ m$	$A_2 = \frac{8\ m \cdot 2\ m}{2}$	$A_G = 28\ m^2 + 8\ m^2$
$A_1 = 28\ m^2$	$A_2 = 8\ m^2$	$A_G = 36\ m^2$

$V = A_G \cdot l$
$V = 36\ m^2 \cdot 20\ m$
$\mathbf{V = 720\ m^3}$

Der Stall hat ein Volumen von $720\ m^3$.

3. Ermitteln Sie die Fläche des Querschnittes. Diese Fläche mal der Länge des Hanges ergibt das Volumen.

A_1 (Dreieck) = 2,8125 m²

$$A_2 \text{ (Trapez)} = \frac{(a + c) \cdot h}{2}$$

$$A_2 = \frac{(1{,}25\ m + 2{,}52\ m) \cdot 3{,}50\ m}{2}$$

$A_2 = 6{,}5975\ m^2$

$A_G = A_1 + A_2$
$A_G = 2{,}8125\ m^2 + 6{,}5975\ m^2$
$A_G = 9{,}41\ m^2$

$V = A_G \cdot h$
$V = 9{,}41\ m^2 \cdot 18\ m$
$V = 169{,}38\ m^3$

Es müssen 169,38 m³ Erde abgetragen werden.

7. Der Dreisatz

7.1. Einfacher Dreisatz

7.1.1. Direkter Dreisatz

Beim **direkten Dreisatz** entwickeln sich die **beiden Seiten**, die im Zusammenhang stehen, **im gleichen** Verhältnis.

Das heißt:

Wird es auf einer Seite **mehr**, wird es auf der anderen Seite auch **mehr**.

Oder

Wird es auf einer Seite **weniger**, wird es auch auf der anderen Seite **weniger**.

Also: **Mehr zu mehr.** *oder* **Weniger zu weniger.**

Beispiel: 6 Flaschen Saft kosten 5,34 €.
Wie viel kosten 4 Flaschen Saft?

Gehen Sie stets in diesen Arbeitsschritten vor:

1. **Ansatz:**

   Die Zahlenpaare zusammenstellen, die zusammen gehören. Dabei stehen immer die Zahlen mit denselben Maßeinheiten untereinander

   6 Flaschen ≙ 5,34 €
   4 Flaschen ≙ x €

2. **Gleichung:**

Ausgehend vom Ansatz errechnet man die Größe x, indem die Zahl, die im Ansatz über dem „x“ steht, mit der schräg gegenüber stehenden Zahl mal genommen wird und durch die übrig gebliebene dritte Zahl geteilt wird.

6 Flaschen ≙ 5,34 €

: ↑ ↙ ·

4 Flaschen ≙ x €

$$x = \frac{5{,}34\text{ €} \cdot 4\text{ Flaschen}}{6\text{ Flaschen}}$$

3. **Berechnung von x:**

Da es sich hier ausschließlich um Punktrechnung handelt, ist es nicht wichtig, ob Sie erst mal und dann geteilt durch rechnen oder umgekehrt.

x = 3,56 €

4. **Antwortsatz:**

Bei einer Textaufgabe wird grundsätzlich ein Antwortsatz gegeben.

4 Flaschen kosten 3,56 €.

---

1. 6 Fl. ≙ 12,30 €
5 Fl. ≙ x €
(weniger zu weniger)

$$x = \frac{12{,}30\text{ €} \cdot 5\text{ Fl.}}{6\text{ Fl.}}$$

x = 10,25 €

5 Flaschen Saft kosten 10,25 €.

2.

$$\begin{array}{rcl} 6 \text{ Pers.} & \triangleq & 1{,}2 \text{ kg Braten} \\ 11 \text{ Pers.} & \triangleq & x \text{ kg Braten} \\ \hline \textit{(mehr} & \textit{zu} & \textit{mehr)} \end{array}$$

$$x = \frac{1{,}2 \text{ kg} \cdot 11 \text{ Pers.}}{6 \text{ Pers.}}$$

x = 2,2 kg Braten

Für 11 Personen rechnet man 2,2 kg Braten.

3.

$$\begin{array}{rcl} 1{,}5 \text{ kg} & \triangleq & 3{,}74 \text{ €} \\ 0{,}8 \text{ kg} & \triangleq & x \text{ €} \\ \hline \textit{(weniger} & \textit{zu} & \textit{weniger)} \end{array}$$

Wandeln Sie die 800 g in kg um!

$$x = \frac{3{,}74 \text{ €} \cdot 0{,}8 \text{ kg}}{1{,}5 \text{ kg}}$$

x = 1,9946 €

Runden Sie das Ergebnis auf 2 Stellen nach dem Komma!

x ≈ 1,99 €

0,8 kg Orangen kosten 1,99 €.

4.

$$\begin{array}{rcl} 100 \text{ km} & \triangleq & 6 \text{ l} \\ 730 \text{ km} & \triangleq & x \text{ l} \\ \hline \textit{(mehr} & \textit{zu} & \textit{mehr)} \end{array}$$

$$x = \frac{6 \text{ l} \cdot 730 \text{ km}}{100 \text{ km}}$$

x = 43,8 l

Auf 730 km braucht das Auto 43,8 Liter Benzin.

5. Der Wochenlohn beträgt dann **620 €**.

6. Tina braucht für diese Fläche **6,14 Stunden**.

6,14 Stunden = 6 Stunden und 0,14 · 60 min

≈ 6 Stunden und 8 min

Die Stellen hinter dem Komma sind nicht mit den **Minuten gleichzusetzen**, da die Umrechnungszahl 60 ist! Sie müssen die Zahlen hinter dem Komma mit 60 malnehmen und erhalten so die Minuten.

7. Rechnen Sie im Ansatz bereits die 2 zusätzlichen Gäste hinzu!

   14 Gä. ≙ 532,00 €
   16 Gä. ≙ x €

   Die Kosten betragen nun **608,00 €**.

8. Der Literpreis beträgt **6,84 €**.

9. Die Arbeitszeit für fünf Hosen beträgt **22,5 Stunden** (22 ½ Stunden).

10. Eine 75 g-Tafel hat **1.725 kJ** Energiegehalt.

11. Sandra muss **rund 78 Minuten** auf dem Hometrainer trainieren.

12. Die Größe der Biergläser bleibt beim Ausschank in beiden Fällen gleich. Deshalb sind die 0,4 l für die Berechnung nicht entscheidend.

    Es können **356 Gläser** ausgeschenkt werden.

    Runden Sie das Ergebnis auf ganze Gläser ab!

7.1.2. Indirekter Dreisatz

Den **indirekten Dreisatz** erkennen Sie daran, dass die beiden, **zusammengehörenden Seiten** in einem **entgegengesetzten** Verhältnis stehen. Sie entwickeln sich in unterschiedliche Richtungen.

Das heißt:

Wird es auf der einen Seite **mehr**, so wird es auf der anderen Seite **weniger**.

Oder

Wird es auf der einen Seite **weniger**, so wird es auf der anderen Seite **mehr**.

Also: Mehr zu weniger. *oder* **Weniger zu mehr.**

Beispiel:

7 Maschinen brauchen für die Herstellung von 1400 Werkstücken 4 Stunden.
Wie lange brauchen 5 Maschinen für die gleiche Anzahl von Werkstücken?

Arbeiten Sie stets in folgenden Arbeitsschritten:

1. **Ansatz:**

   Die Zahlenpaare zusammenstellen, die zusammen gehören. Dabei stehen immer die Zahlen mit den selben Maßeinheiten untereinander.

   7 Masch. ≙ 4 Std.
   5 Masch. ≙ x Std.

2. **Gleichung aufstellen:**

   Beim indirekten Dreisatz werden die beiden Zahlen, die in einer Zeile stehen, miteinander mal genommen und durch die übrige 3. Zahl geteilt.

   7 Masch. ≙ 4 Std.
   ← ·
   : ↓
   5 Masch. ≙ x Std.

   $$x = \frac{4\text{ Std.} \cdot 7\text{ Masch.}}{5\text{ Masch.}}$$

3. **Berechnung von x:**

   Da es sich auch hier wieder nur um Punktrechnung handelt, ist die Reihenfolge, in der die Zahlen eingegeben werden, unwichtig.

   x = 5,6 Stunden

   5,6 Stunden = 5 Stunden + 0,6 · 60 Min.
   = **5 Stunden und 36 Minuten**

4. **Antwortsatz:**

   5 Maschinen brauchen 5 Stunden und 36 Minuten.

Der Dreisatz

1. 2 Dek. ≙ 4 Std.
3 Dek. ≙ x Std.
(mehr zu weniger) ▹ *indirekter Dreisatz*

$$x = \frac{4\text{ Std.} \cdot 2\text{ Dek.}}{3\text{ Dek.}}$$

x = 2,6 Std. *Rechnen Sie die 0,6 Std. in Minuten um!*

0,6 · 60 Min. = 40 Minuten

x = 2 Stunden und 40 Minuten

Es sind 2 Stunden und 40 Minuten einzuplanen.

2. 60 km/h ≙ 25 min
80 km/h ≙ x min
(mehr zu weniger) ▹ *indirekter Dreisatz*

$$x = \frac{25\text{ min} \cdot 60\text{ km/h}}{80\text{ km/h}}$$

x = 18,75 min ≈ 19 min

Er braucht dann nur 19 Minuten.

3. 30,00 € ≙ 10 Tage
20,00 € ≙ x Tage
(weniger zu mehr) ▹ *indirekter Dreisatz*

$$x = \frac{10\text{ Tage} \cdot 30{,}00\text{ €}}{20{,}00\text{ €}}$$

x = 15 Tage

Das Geld würde dann 15 Tage reichen.

4.

a) 5 Mitarb. ≙ 8 Std. *Ziehen Sie 1 Hotelmitarbeiter von den 5 ab!*
4 Mitarb. ≙ x Std.
(weniger zu mehr) ▹ *indirekter Dreisatz*

$$x = \frac{8\text{ Std.} \cdot 5\text{ Mitarb.}}{4\text{ Mitarb.}}$$

x = 10 Std.

Sie brauchen 10 Stunden zum Reinigen der Zimmer.

b) Ziehen Sie von der neuen Arbeitszeit die alte Arbeitszeit ab. So erhalten Sie die Überstunden.

10 Std. − 8 Std. = **2 Std.**

Jeder muss 2 Überstunden machen.

5. 7,5 t ≙ 14 Fahrten
12 t ≙ x Fahrten
(mehr zu weniger) ▹ *indirekter Dreisatz*

$$x = \frac{14\,\text{F.} \cdot 7{,}5\,\text{t}}{12\,\text{t}}$$

x = 8,75 Fahrten *Da es nur ganze Fahrten gibt, runden Sie das Ergebnis auf!*

x = 9 Fahrten

Der Lkw fährt dann nur 9 mal.

6. Der Wasservorrat reicht 9,6 Tage ≈ **10 Tage**.

7. Aus einem gleichgroßen Fass könnten **216 Gläser à 0,4 l** gezapft werden.

8. Der Hausmeister muss 37,3 mal ≈ **38 mal** fahren.
(Das Ergebnis ist aufzurunden, da sonst etwas Rasen stehen bleiben würde.)

9. Der Ölvorrat reicht dann nur **42 Tage**.

10. Die Anzahl der Werkstücke bleibt gleich und muss deshalb nicht mit berücksichtigt werden. Es ist eine Maschine von den 4 Maschinen abzuziehen. Günstig ist es, wenn Sie gleich die Stunden in Minuten umrechnen, das erspart Ihnen eventuell die Umrechnung von Kommazahlen am Ende der Rechnung.

3,5 Stunden = 3,5 · 60 Minuten = 210 Minuten

4 Masch. ≙ 210 min
3 Masch. ≙ x min

$$x = \frac{210\,\text{min} \cdot 4\,\text{Masch.}}{3\,\text{Masch.}}$$

x = 280 min

Das Ergebnis kann nun noch in Stunden und Minuten umgewandelt werden.

280 min = 240 min + 40 min
= 4 Stunden + 40 min

x = 4 Std. und 40 Minuten

Die Maschinen brauchen 4 Std. und 40 Minuten.

7.1.3. Gemischte Aufgaben

Beginnen Sie immer mit dem Ansatz!
Überlegen Sie erst genau, welcher Dreisatz es ist (direkt oder indirekt)!
Rechnen Sie erst dann los!

1. 100,00 € ≙ 88 engl. Pfund
x € ≙ 400 engl. Pfund
(mehr zu mehr)

▷ *direkter Dreisatz (über Kreuz mal nehmen)*

$$x = \frac{100{,}00\text{ €} \cdot 400\text{ engl. Pfund}}{88\text{ engl. Pfund}}$$

x = 454,545 € ≈ **454,55 €**

Um 400 englische Pfund zu erhalten, müssen 454,55 € umgetauscht werden.

2.

a) 26,6 m^2 ≙ 238,07 €
14,35 m^2 ≙ x €
(weniger zu weniger)

▷ *direkter Dreisatz (über Kreuz mal nehmen)*

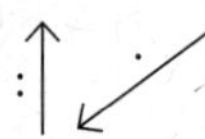

$$x = \frac{238{,}07\text{ €} \cdot 14{,}35\text{ m}^2}{26{,}6\text{ m}^2}$$

x = 128,43 €

Der Teppichboden für das zweite Zimmer kostet 128,43 €.

b) Zählen Sie die Preise für beide Zimmer zusammen.

238,07 € + 128,43 € = **366,50 €**

Für beide Zimmer sind 366,50 € zu bezahlen.

3. 20 W ≙ 3 LED-Lampen
15 W ≙ x LED-Lampen
(weniger zu mehr)

▷ *indirekter Dreisatz (gerade mal nehmen)*

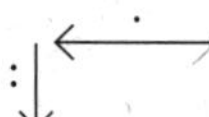

$$x = \frac{3\text{ LED-Lampen} \cdot 20\text{ W}}{15\text{ W}}$$

x = 4 LED-Lampen

Es müssten dann 4 LED-Lampen zu je 15 Watt im Zimmer sein.

4. 624 kWh ≙ 182,81 €
586 kWh ≙ €
(weniger zu weniger)

▹ *direkter Dreisatz*
(über Kreuz mal nehmen)

x = 171,677 € **≈ 171,68 €**

Die Stromkosten im II. Quartal betragen 171,68 €.

5. Rechnen Sie die Zeit in Minuten um!

2,5 Std. · 60 min = 150 min

1 Pers. ≙ 150 min
3 Pers. ≙ x min
(mehr zu weniger)

▹ *indirekter Dreisatz*
(gerade mal nehmen)

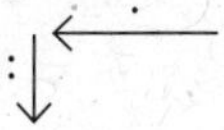

x = 50 min

Das Verteilen dauert 50 Minuten.

6. Direkter Dreisatz
Eine Scheibe Lachsschinken hat **ca. 51 kJ** Energiegehalt.

7. Direkter Dreisatz
Es sind **rund 12 Wäschen** möglich.

8.

a) Indirekter Dreisatz
Der Vorrat reicht **135 Tage**.

b) Indirekter Dreisatz
Es dürfen höchstens **450 Liter** täglich verheizt werden.

9. Direkter Dreisatz
Es muss **13.350,00 €** Lohn gezahlt werden.

10. Direkter Dreisatz
Rechnen Sie den Bruch um!

¾ = 3 : 4 = 0,75 l
0,75 l = 750 ml

für 4 Personen	für 7 Personen
750 ml Milch	**≈ 1.310 ml Milch**
300 g Mehl	**525 g Mehl**
4 Eier	**7 Eier**
etwas Salz	**etwas Salz**

7.2. Zusammengesetzter Dreisatz

Beim zusammengesetzten Dreisatz stehen mehr als zwei Zahlen in einem Zusammenhang.

Schreiben Sie alle Zahlenglieder, die zusammengehören, in eine Zeile. Ordnen Sie die Glieder der 2. Zeile entsprechend darunter an; achten Sie dabei auf die Maßeinheiten! Sie zeigen Ihnen genau, wo welche Zahl hingehört. (Es müssen also € unter €, m unter m, Tage unter Tage stehen usw.)

Beispiel:

18 Hotelgäste verbrauchen an 7 Tagen 260 l verschiedener Getränke. Wie hoch ist der Getränkebedarf, wenn 25 Gäste 10 Tage im Hotel weilen?

1. Ansatz:

18 Gäste ≙ 7 Tage ≙ 260 l
25 Gäste ≙ 10 Tage ≙ x l

2. Gleichung aufstellen:

Um die Gleichung zur Berechnung aufzustellen, arbeiten Sie in mehreren Schritten. Decken Sie abwechselnd einen Abschnitt des Ansatzes zu. Bewerten Sie den sichtbaren Teil des Ansatzes, ob es sich um einen direkten oder indirekten Dreisatz handelt und schreiben Sie die Gleichung dafür auf.

1. Schritt:

18 Gäste	≙	**260 l**
25 Gäste	≙	**x l**
(mehr	*zu*	*mehr)*

▹ *direkter Dreisatz*

$$x = \frac{260\,l \cdot 25\text{ Gäste}}{18\text{ Gäste}}$$

2. Schritt:

7 Tage	≙	**260 l**
10 Tage	≙	**x l**
(mehr	*zu*	*mehr)*

▹ *direkter Dreisatz*

Schreiben Sie die Gleichung vom 1. Schritt weiter. Die 260 l sind bereits in der Gleichung (Schritt 1) erfasst und müssen daher nicht noch einmal hingeschrieben werden.

$$x = \frac{\mathbf{260\,l} \cdot 25\text{ Gäste} \cdot 10\text{ Tage}}{18\text{ Gäste} \cdot 7\text{ Tage}}$$

Rechnen Sie nun den Wert x aus. Beachten Sie, dass für alle Zahlen unter dem Bruchstrich, „geteilt durch“ gerechnet werden muss.

$x = 260 \cdot 25 \cdot 10 : 18 : 7$

$x = 515{,}873 \approx$ **516 l**

Die Gäste verbrauchen ca. 516 l Getränke.

Lassen Sie sich von der Fülle der Zahlen nicht aus der Ruhe bringen. Ordnen Sie alle Zahlen im Ansatz richtig ein, dann haben Sie die Schlacht schon fast gewonnen.

Wenn Sie dann weiter in der vorgeschlagenen Reihenfolge vorgehen, kann nichts schief gehen.

1. 4 Autom. ≙ 3 Std. ≙ 2.400 Werkst.
5 Autom. ≙ 2 Std. ≙ x Werkst.

4 Autom. ≙ 2.400 Werkst.
5 Autom. ≙ x Werkst.
(mehr zu mehr) ▷ *direkter Dreisatz*

$$x = \frac{2.400 \text{ Werkst.} \cdot 5 \text{ Autom.}}{4 \text{ Autom.}}$$

3 Std. ≙ 2.400 Werkst.
2 Std. ≙ x Werkst.
(weniger zu weniger) ▷ *direkter Dreisatz*

$$x = \frac{2.400 \text{ Werkst.} \cdot 5 \text{ Autom.} \cdot 2 \text{ Std.}}{4 \text{ Autom.} \cdot 3 \text{ Std.}}$$

x = 2.000 Werkst. *Rechnen Sie: 2.400 · 5 · 2 : 4 : 3*

Es werden 2.000 Werkstücke hergestellt.

2. 3 Kö. ≙ 4,5 Std. ≙ 50 Gä.
4 Kö. ≙ x Std. ≙ 75 Gä.

3 Kö. ≙ 4,5 Std.
4 Kö. ≙ x Std.
(mehr zu weniger) ▹ *indirekter Dreisatz*

$$x = \frac{4{,}5 \text{ Std} \cdot 3 \text{ Kö.}}{4 \text{ Kö.}}$$

4,5 Std. ≙ 50 Gä.
x Std. ≙ 75 Gä.
(mehr zu mehr) ▹ *direkter Dreisatz*

$$x = \frac{4{,}5 \text{ Std.} \cdot 3 \text{ Kö.} \cdot 75 \text{ Gä.}}{4 \text{ Kö.} \cdot 50 \text{ Gä.}}$$

x = 5,06 Std. ≈ **5 Stunden**

Es müssen 5 Stunden eingeplant werden.

3. 7 AK ≙ 2 Wo ≙ 9.380,00 €
5 AK ≙ 4 Wo ≙ x €

$$x = \frac{9.380{,}00 \text{ €} \cdot 5 \text{ AK} \cdot 4 \text{ Wo}}{7 \text{ AK} \cdot 2 \text{ Wo}}$$

x = 13.400,00 €

Er muss 13.400 € Lohn zahlen.

4. 200 l ≙ 392 Gl ≙ 0,5 l
250 l ≙ x Gl. ≙ 0,3 l

$$x = \frac{392 \text{ Gl.} \cdot 250 \text{ l} \cdot 0{,}5 \text{ l}}{200 \text{ l} \cdot 0{,}3 \text{ l}}$$

x = 816,6 Gl. ≈ **816 Gläser**

Wird das letzte Glas nicht ganz voll, muss stets abgerundet werden.

Es können 816 Gläser gezapft werden.

5. 8 Tiere ≙ 4 Wo. ≙ 2,24 t
11 Tiere ≙ 6 Wo. ≙ x t

$$x = \frac{2{,}24\ \text{t} \cdot 11\ \text{Tiere} \cdot 6\ \text{Wo.}}{8\ \text{Tiere} \cdot 4\ \text{Wo.}}$$

x = 4,62 t

Die Tiere fressen 4,62 t Futtermischung.

6. 25 mm ≙ 1,20 m ≙ 4,6 kg
30 mm ≙ 0,90 m ≙ x kg *Rechnen Sie die 90 cm in m um!*

$$x = \frac{4{,}6\ \text{kg} \cdot 30\ \text{mm} \cdot 0{,}90\ \text{m}}{25\ \text{mm} \cdot 1{,}20\ \text{m}}$$

x = 4,14 kg

Die Eisenstange wiegt 4,14 kg.

7. 3 Nä. ≙ 6 Std. ≙ 27 Ho.
5 Nä. ≙ x Std. ≙ 40 Ho.

$$x = \frac{6\ \text{Std.} \cdot 3\ \text{Nä.} \cdot 40\ \text{Ho.}}{5\ \text{Nä.} \cdot 27\ \text{Ho.}}$$

x = 5,3 Std.

Die Näher*innen brauchen 5,3 Stunden.

8. 28 Gä. ≙ 14 Tage ≙ 235 kg
15 Gä. ≙ 10 Tage ≙ x kg

$$x = \frac{235\ \text{kg} \cdot 15\ \text{Gä.} \cdot 10\ \text{Tage}}{28\ \text{Gä.} \cdot 14\ \text{Tage}}$$

x = 89,9 kg

Es müssen 89,9 kg Gemüse eingeplant werden.

9. 3 Sp. ≙ 138 mm ≙ 463,00 €
4 Sp. ≙ 185 mm ≙ x €

$$x = \frac{463{,}00\ € \cdot 4\ \text{Sp.} \cdot 185\ \text{mm}}{3\ \text{Sp.} \cdot 138\ \text{mm}}$$

x = 827,58 €

Die Anzeige kostet 827,58 €.

8. Prozentrechnen

Prozent bezieht sich immer auf Teile von Hundert.

Also: 1 % = 1/100
5 % = 5/100
27 % = 27/100
usw.

Es ist günstig, wenn man im Kopf mit gebräuchlichen Prozentsätzen rechnen kann.

1.

Prozentsatz	als Bruch	in Worten	zeichnerische Darstellung
50 %	$\frac{50}{100} = \frac{1}{2}$	die Hälfte	
25 %	$\frac{25}{100} = \mathbf{\frac{1}{4}}$	ein Viertel	
75 %	$\mathbf{\frac{75}{100}} = \frac{3}{4}$	**drei Viertel**	
10 %	$\frac{10}{100} = \frac{1}{10}$	**ein Zehntel**	
33,3 %	$\frac{33,3}{100} = \frac{333}{1.000} = \frac{1}{3}$	**ein Drittel**	
66,6 %	$\frac{66,6}{100} = \frac{666}{1.000} = \frac{2}{3}$	zwei Drittel	

2. Messen Sie die Gesamtlänge des Balkens! Sie beträgt 10 cm. Da Prozent „von Hundert" bedeutet, ist es vorteilhaft, die 10 cm in mm umzurechnen. 10 cm = 100 mm

Messen Sie nun die Länge der einzelnen Abschnitte in Millimeter und schon haben Sie den prozentualen Anteil der einzelnen Gase.

a) Kohlendioxid ≈ **88 %**

b) Methan ≈ **6 %**

c) Lachgas ≈ **4 %**

d) F-Gase ≈ **2 %**

8.1. Prozentwert

Wenn Sie den Ansatz für die Prozentrechnung kennen, müssen Sie sich nicht die ganzen Formeln zur Berechnung einprägen. Sie können diese problemlos aus dem Ansatz herleiten.

Prägen Sie sich deshalb diesen Ansatz gut ein!

Grundwert ≙ 100 %
Prozentwert ≙ Prozentsatz

Die Prozentrechnung erfolgt stets nach dem Prinzip des direkten Dreisatzes. Stellen Sie so auch nach den einzelnen Gliedern um!

$$\textbf{Prozentwert} = \frac{\textbf{Grundwert} \cdot \textbf{Prozentsatz}}{\textbf{100 \%}}$$

Zur Lösung der Aufgaben überlegen Sie erst genau, was gegeben ist. Der Grundwert ist immer das Ganze, bzw. der Ausgangswert. Den Prozentsatz erkennen Sie am %-Zeichen.

1. 75,80 € ≙ 100 %
x € ≙ 4 %

Der **Preis** einer Ware **vor** einer **Preiserhöhung** oder **Preissenkung** ist immer der **Grundwert**.

$$x = \frac{75{,}80\ € \cdot 4\ \%}{100\ \%}$$

x = 3,03 €

Der Eimer wird um 3,03 € teurer.

2. 245.000 € ≙ 100 %
x € ≙ 2,3 %

$$x = \frac{245.000\ € \cdot 2{,}3\ \%}{100\ \%}$$

x = 5.635,00 €

Die Versicherung beträgt 5.635,00 €.

3. $100\,\% \triangleq 10\,t$
   $40\,\% \triangleq x\,t$

   $$x = \frac{10\,t \cdot 40\,\%}{100\,\%}$$

   x = 4 t

   Es können 4 t Sonnenblumenöl daraus gewonnen werden.

4. $510{,}00\,€ \triangleq 100\,\%$
   $x\,€ \triangleq 15\,\%$

   $$x = \frac{510{,}00\,€ \cdot 15\,\%}{100\,\%}$$

   x = 76,50 €

   Sie muss 76,50 € weniger bezahlen.

5. Die Mehrwertsteuer wird bei der Preisberechnung immer zu den 100 % des Nettopreises hinzugezählt. Also sind die 298,35 € Reparaturkosten mit 100 % gleichzusetzen.

   x = 56,6865 €
   x ≈ 56,69 € Mehrwertsteuer

6. **x = 595 g** Bratverlust

7. **x = 36,90 €** Provision

8. **x = 35 g Fett** in 1 Liter Milch

9. **x** = 2,48 € ≈ **2,50 €** Trinkgeld

10. **x = 123,75 €** für Kleidung

8.2. Prozentsatz

Gehen Sie wieder von dem bereits bekannten Ansatz aus:

Grundwert ≙ 100 %

Prozentwert ≙ Prozentsatz

Rechnen Sie wie beim direkten Dreisatz über Kreuz mal (100 % · Prozentwert) und teilen Sie durch die dritte Zahl (: Grundwert):

$$\textbf{Prozentsatz} = \frac{\textbf{100 \% · Prozentwert}}{\textbf{Grundwert}}$$

Gehen Sie in den gleichen Arbeitsschritten wie im Abschnitt 8.1 vor!

Der Grundwert ist der Wert, der das Ganze bzw. den Ausgangswert darstellt. Er entspricht 100 %. Der Prozentwert hat die gleiche Maßeinheit wie der Grundwert.

1. 148,00 € ≙ 100 %
118,40 € ≙ x €

$$x = \frac{100\,\% \cdot 118{,}40\,€}{148{,}00\,€}$$

x = 80 %

80 % ist der Prozentsatz vom alten Preis, den die Gartenbank jetzt noch kostet. Ziehen Sie diese 80 % von 100 % ab, erhalten Sie die Preissenkung in Prozent.

100 % – 80 % **= 20 %**

Der Preis wurde um 20 % gesenkt.

2. 648,00 € ≙ 100 %
530,00 € ≙ x %

$$x = \frac{100\,\% \cdot 530{,}00\,€}{648{,}00\,€}$$

x = 81,8 %

Der Preis für die Ferienwohnung in der Nebensaison beträgt 81,8 % im Vergleich zur Hauptsaison.

Um zu ermitteln, um wie viel Prozent die Wohnung in der Nebensaison günstiger ist, müssen Sie die 81,8 % von den 100 % abziehen.

100 % – 81,8 % **= 18,2 %**

In der Nebensaison ist die Ferienwohnung 18,2 % günstiger.

3. 405.000,00 € ≙ 100 %
72.500,00 € ≙ x %

$$x = \frac{100\,\% \cdot 72.500{,}00\,€}{405.000{,}00\,€}$$

x = 17,9 %

Der Umsatz der Abteilung „Young Fashion" beträgt 17,9 % des gesamten Umsatzes.

4. 89,00 € ≙ 100 %
93,45 € ≙ x %

$$x = \frac{100\,\% \cdot 93{,}45\,€}{89{,}00\,€}$$

89,00 € ≙ 100 %

x = 105 %

Im Vergleich zum alten Preis kostet die Jeans nun 105 %. Um die Erhöhung in Prozent zu errechnen, müssen Sie von den 105 % die 100 % abziehen.

105 % – 100 % **= 5 %**

Die Preiserhöhung beträgt 5 %.

5. Berechnen Sie zunächst die Anzahl der Kinder, die im Schwimmbad sind. Rechnen Sie dann für jede Personengruppe die prozentualen Anteile aus.

46 – 12 – 19 = 15

Es sind 15 Kinder im Bad.

46 Pers. ≙ 100 %
12 Pers. ≙ x %

$$x = \frac{100\,\% \cdot 12\text{ Pers.}}{46\text{ Pers.}}$$

x = 26,09 % M.

46 Pers. ≙ 100 %
19 Pers. ≙ x %

$$x = \frac{100\,\% \cdot 19\text{ Pers.}}{46\text{ Pers.}}$$

x = 41,3 % F.

46 Pers. ≙ 100 %
15 Pers. ≙ x %

$$x = \frac{100\,\% \cdot 15\text{ Pers.}}{46\text{ Pers.}}$$

x = 32,61 % K.

Im Schwimmbad sind 26,09 % Männer, 41,3 % Frauen und 32,61 % Kinder.

6. 2.840 € ≙ 100 %
2.982 € ≙ x %

$$x = \frac{100\,\% \cdot 2.982\text{ €}}{2.840\text{ €}}$$

x = 105 %

Insgesamt verdient Kerem jetzt 105 % im Vergleich zum alten Lohn. Um die Lohnerhöhung zu berechnen, müssen Sie von den 105 % die 100 % abziehen.

105 % – 100 % = **5 %**

Kerem bekommt 5 % mehr Lohn.

7. Der Barzahlungsrabatt beträgt **≈ 3 %**.

8. Der Umsatz wurde auf 103,65 % gesteigert.
Damit stieg der Umsatz um **3,65 %**.

Unterscheiden Sie bei Steigerungen (bzw. auch Senkungen) genau zwischen „auf gesteigert“ und „um gesteigert“.

Eine **Steigerung/Senkung auf** bedeutet den gesamten neuen Prozentsatz.

Eine **Steigerung/Senkung um** bedeutet nur den prozentualen Unterschied zum alten Wert.

9. Das sind **rund 2,5 %** vom gesamten Gewinn.

10. Es waren **3 %** Ausschuss.

8.3. Grundwert

Aus dem Ansatz:

Grundwert ≙ 100 %

Prozentwert ≙ Prozentsatz

ergibt sich die Formel zur Berechnung des Grundwertes:

$$\textbf{Grundwert} = \frac{\textbf{Prozentwert} \cdot \textbf{100 \%}}{\textbf{Prozentsatz}}$$

Lesen Sie die Aufgaben besonders sorgfältig! Oft steht schon im Text, welche Zahlen zusammengehören.

Beispiel:
In Aufgabe 1: „... 40 % ... verkauft. Das entspricht ... von 160,00 €."

1. 40 % ≙ 160,00 €
100 % ≙ x €

$$x = \frac{160{,}00\ € \cdot 100\ \%}{40\ \%}$$

x = 400 €

Das Möbelstück hatte ursprünglich 400 € gekostet.

2. 5 % ≙ 48 €
100 % ≙ x €

$$x = \frac{48\ € \cdot 100\ \%}{5\ \%}$$

x = 960,00 €

Die alte Miete betrug 960,00 €.

3. 18 % ≙ 129,60 €
100 % ≙ x €

a) Berechnen Sie erst die Ausbildungsvergütung für das 1. Jahr der Berufsausbildung.

$$x = \frac{129{,}60\ € \cdot 100\ \%}{18\ \%}$$

x = 720,00 €

Im 1. Ausbildungsjahr bekam sie 720,00 €.

b) Berechnen Sie nun die Vergütung für das 2. Ausbildungsjahr. Zählen Sie zur Summe vom 1. Ausbildungsjahr die Erhöhung dazu.

720,00 € + 129,60 € = **849,60 €**

Im 2. Jahr bekommt sie 849,60 €.

4. Sein Stundenlohn betrug vorher **28,22 €**.

5. Wie viel % der Rechnung muss Frau Flora bezahlen?

100 % − 2 % = 98 %

98 % ≙ 296,94 €
100 % ≙ x €

$$x = \frac{296{,}94\ € \cdot 100\ \%}{98\ \%}$$

x = 303,00 €

Die Rechnung betrug ursprünglich 303,00 €.

6. Das Haus hat einen Wert von **158.000 €**.

Rechnen Sie mit einem vermehrten Wert, müssen die Prozente, die es mehr geworden sind, zu den 100 % des Grundwertes dazugezählt werden.

Rechnen Sie mit einem verminderten Wert, müssen die Prozente, die es weniger geworden ist, von den 100 % des Grundwertes abgezogen werden.

7. Wird die Ware um 10 % teurer, kostet sie jetzt 110 % vom alten Preis. Diese 110 % entsprechen 82,50 €. Der alte Preis ist immer 100 %.

$$110\,\% \triangleq 82{,}50\,€$$
$$100\,\% \triangleq x\,€$$

$$x = \frac{82{,}50\,€ \cdot 100\,\%}{110\,\%}$$

x = 75,00 €

Die Ware kostete vorher 75,00 €.

8. Die Ware wird um 25 % billiger und kostet damit nur noch 75 % (100 % – 25 %). Diese 75 % entsprechen dem neuen Preis (45,00 €). Der alte Preis ist 100 %.

$$75\,\% \triangleq 45{,}00\,€$$
$$100\,\% \triangleq x\,€$$

$$x = \frac{45{,}00\,€ \cdot 100\,\%}{75\,\%}$$

x = 60,00 €

Die Ware hatte vorher 60,00 € gekostet.

9.

$$85\,\% \triangleq 382{,}50\,€$$
$$100\,\% \triangleq x\,€$$

$$x = \frac{382{,}50\,€ \cdot 100\,\%}{85\,\%}$$

x = 450,00 €

Der ursprüngliche Rechnungsbetrag lag bei 450,00 €.

10.

a) Es ist der alte Preis (= 100 %) gegeben. Der neue Preis ist gesucht und liegt bei 105 %.

100 % ≙ 827,00 €
105 % ≙ x €

$$x = \frac{827{,}00\,€ \cdot 105\,\%}{100\,\%}$$

x = 868,35 €

Der neue Preis beträgt 868,35 €.

b) Die Erhöhung errechnen Sie, indem Sie vom neuen Preis den alten Preis abziehen.

868,35 € – 827,00 € = **41,35 €**

Die Erhöhung beträgt 41,35 €.

11. 120,00 €

12. 2.800,00 €

13. Die Mehrwertsteuer wird immer zu den 100 % dazu gerechnet.

15.182,35 €

8.4. Gemischte Aufgaben

Suchen Sie erst die Werte, die zusammengehören. Stellen Sie dann den Ansatz auf und rechnen Sie wie beim direkten Dreisatz.

1.

a) Der Preis des Autos ohne Mehrwertsteuer entspricht 100 %.

19 % ≙ 4.436,50 €
100 % ≙ x €

$$x = \frac{4.436{,}5\ € \cdot 100\ \%}{19\ \%}$$

x = 23.350,00 €

Das Auto kostet ohne Mehrwertsteuer 23.350,00 €.

b) Um den Preis mit Mehrwertsteuer auszurechnen, müssen Sie nun die Mehrwertsteuer zum Preis (von a)) dazuzählen.

23.350,00 € + 4.436,50 € = **27.786,50 €**

Mit Mehrwertsteuer kostet das Auto 27.786,50 €.

2. Ist bei einem Preisvergleich der teurere Prozentsatz gesucht, müssen Sie den billigeren Preis 100 % setzen, da sich der Vergleich auf ihn bezieht.

105,00 € ≙ 100 %
112,75 € ≙ x %

$$x = \frac{100\ \% \cdot 112{,}75\ €}{105{,}00\ €}$$

x = 107,38 % ≈ 107,4 %

Der Preis im 2. Geschäft ist 107,4 % im Vergleich zum 1. Geschäft. Berechnen Sie nun noch, wie viel Prozent es mehr sind. Ziehen Sie dazu einfach von den 107,4 % die 100 % ab.

107,4 % − 100 % = **7,4 %**

Im 2. Geschäft kostet der Jogginganzug 7,4 % mehr.

3. 2.880,00 € ≙ 100 %
271,33 € ≙ x %

$$x = \frac{100\,\% \cdot 271{,}33\,€}{2.880{,}00\,€}$$

x = 9,42 %

Das sind 9,42 % Lohnsteuer.

4.

a) 112 % ≙ 879,00 €
100 % ≙ x €

$$x = \frac{879{,}00\,€ \cdot 100\,\%}{112\,\%}$$

x = 784,82 €

Die alte Miete betrug 784,82 €.

b) 879,00 € − 784,82 € = **94,18 €**

Die Miete wurde um 94,18 € erhöht.

5. **2.842,80 €**

6. **101,25 €**

7.

a) **35,2 %**

b) **64,8 %**

8. **6,8 %**

9. **1,93 %**

10. 250 g ≙ 100 %
x g ≙ 83 %

x = 207,5 g Fett

250 g ≙ 100 %
x g ≙ 15 %

x = 37,5 g Wasser

9. Zinsrechnen

1. Lesen Sie die Aufgaben gründlich!
2. Schreiben Sie auf, was gegeben und was gesucht ist.
3. Berechnen Sie dann nach der Formel:

   $$\mathbf{Z = \frac{K \cdot p \cdot t}{100\,\%}}$$

4. Stellen Sie die Formel, wenn erforderlich, nach der gesuchten Größe um!

1. gegeben: K = 2.000,00 €
p = 1,25 %
t = 1 Jahr

gesucht: Z in €

Lösung:

$$Z = \frac{K \cdot p \cdot t}{100\,\%}$$

$$Z = \frac{2.000{,}00\,€ \cdot 1{,}25\,\% \cdot 1\text{ Jahr}}{100\,\%}$$

Z = 25,00 €

Die Zinsen betragen 25,00 €.

2. gegeben: K = 10.000,00 €
p = 3,05 %
t = 3 Jahre

gesucht: Z in €
Gesamtsumme nach 3 Jahren

Lösung:

$$Z = \frac{K \cdot p \cdot t}{100\,\%}$$

$$Z = \frac{10.000\,€ \cdot 3{,}05\,\% \cdot 3\text{ Jahre}}{100\,\%}$$

Z = 915,00 €

Die Zinsen betragen nach 3 Jahren 915,00 €.

Addieren Sie die Zinsen zur Anfangssumme hinzu, errechnen Sie die Summe, die nach drei Jahren auf dem Konto ist.

10.000,00 € + 915,00 € = **10.915,00 €**

Die Gesamtsumme beläuft sich nach 3 Jahren auf 10.915,00 €.

3. gegeben: K = 1.250,00 €
p = 5,25 %
t = 2 Jahre

gesucht: Z in €
Gesamtsumme nach 2 Jahren

Lösung:

$$Z = \frac{K \cdot p \cdot t}{100\ \%}$$

$$Z = \frac{1.250{,}00\ € \cdot 5{,}25\ \% \cdot 2\ \text{Jahre}}{100\ \%}$$

Z = 131,25 €

Zahlt man nach Ablauf einer Frist einen Kredit zurück, ist neben den Zinsen natürlich auch der geliehene Geldbetrag zurück zu zahlen. Zählen Sie deshalb Zinsen und Kreditsumme zusammen.

1.250,00 € + 131,25 € = **1.381,25 €**

Sophie muss 1.381,25 € zurückzahlen.

4. **Z = 18,00 €**

9.1. Ermittlung der Laufzeit (Zinstage)

Denken Sie daran, dass bei der Zinsrechnung jeder Monat mit 30 Tagen gerechnet wird, unabhängig davon, wie viele es tatsächlich sind.

1.

a) 17.06. bis 10.12.

Ergänzen Sie den ersten Monat (Juni), bis die 30 Tage voll sind.

17 + 13 = 30 ▷ **13 Tage**

Nehmen Sie nun die nächsten ganzen Monate mal 30.

Juli–November = 5 Monate ▷ 5 · 30 = **150** ▷ **150 Tage**

Zählen Sie abschließend die Tage des letzten Monats (Dezember) hinzu.

10 Tage (10.12.) ▷ **10 Tage**

13 Tage + 150 Tage + 10 Tage = **173 Tage**

b) 29.01. bis 31.07.

Januar	1 Tag
Februar bis Juli = 6 Monate = 6 · 30 =	+ 180 Tage
	181 Tage

c) 05.11. bis 21.05. (der Zeitraum erstreckt sich bis ins nächste Jahr)

November	25 Tage
Dezember bis April = 5 Monate =	150 Tage
Mai	+ 21 Tage
	196 Tage

d) 15.07. bis 04.10.

Juli	15 Tage
Aug./Sept.	60 Tage
Oktober	+ 4 Tage
	79 Tage

e) 29.06. bis 18.04.

Juni	1 Tag
Juli bis März = 9 · 30 =	270 Tage
April	+ 18 Tage
	289 Tage

f) 26.09. bis 19.10.

23 Tage

g) 08.08. bis 24.12.

136 Tage

h) 13.02. bis 31.12. (Rechnen Sie den Dezember auch mit 30 Tagen!)

317 Tage

i) 18.04. bis 14.10.

176 Tage

9.2. Berechnung der Zinsen

Gehen Sie immer von der Formel $Z = \frac{K \cdot p \cdot t}{100\,\%}$ aus.

Beträgt die Laufzeit nur einige Monate, fügen Sie in die Formel gegenüber der Zeit t (auf die andere Seite des Bruchstriches) noch 12 (12 Monate pro Jahr) ein.

Bei einer Laufzeit von einigen Tagen wird der Zeit t eine 360 (360 Tage pro Jahr) gegenübergestellt.

Monatszinsen:

$$Z = \frac{K \cdot p \cdot t}{100\,\% \cdot 12\text{ M.}}$$

Tageszinsen:

$$Z = \frac{K \cdot p \cdot t}{100\,\% \cdot 360\text{ T.}}$$

Alle Zahlen, die unter dem Bruchstrich stehen, werden „geteilt durch" gerechnet. Also:

$Z = K \cdot p \cdot t : 100 : 12$

$Z = K \cdot p \cdot t : 100 : 360$

Zinsrechnen

1. gegeben: K = 3.450,00 €
p = 5,5 %
t = 3 Jahre

gesucht: a) Z in €
b) Gesamtsumme

Lösung:

a) $Z = \frac{K \cdot p \cdot t}{100\ \%}$

$Z = \frac{3.450{,}00\ € \cdot 5{,}5\ \% \cdot 3\ \text{Jahre}}{100\ \%}$

Z = 569,25 €

Die Zinsen betragen 569,25 €.

Beträgt die Laufzeit volle Jahre, muss nur durch 100 geteilt werden.

b) Zählen Sie Darlehen und Zinsen zusammen. So erhalten Sie die Gesamtsumme, die zurückzuzahlen ist.

3.450,00 € + 569,25 € = **4.019,25 €**

Einschließlich der Zinsen müssen nach 3 Jahren 4.019,25 € zurückgezahlt werden.

2. gegeben: K = 10.000,00 €
p = 4,3 %
t = 9 Monate

gesucht: Gesamtsumme in €

Lösung: Berechnen Sie erst die Zinsen und zählen Sie dann Zinsen und Kapital zusammen.

$Z = \frac{K \cdot p \cdot t}{100\ \% \cdot 12\ \text{M.}}$

$Z = \frac{10.000{,}00\ € \cdot 4{,}3\ \% \cdot 9\ \text{M.}}{100\ \% \cdot 12\ \text{M.}}$

Z = 322,50 €

10.000,00 € + 322,50 € = **10.322,50 €**

Sie hat 10.322,50 € auf ihrem Konto.

3. gegeben: K = 587,65 €
p = 7,27 %
t = 23 Tage

gesucht: a) Z in €
b) Gesamtsumme in €

Lösung:

a) $Z = \frac{K \cdot p \cdot t}{100\,\% \cdot 360\,T.}$

$Z = \frac{587{,}65\,€ \cdot 7{,}27\,\% \cdot 23\,\text{Tage}}{100\,\% \cdot 360\,\text{Tage}}$

Z = 2,729 € ≈ 2,73 €

Tobias muss 2,73 € Verzugszinsen bezahlen.

b) 587,65 € + 2,73 € = **590,38 €**

Er muss 590,38 € überweisen.

4. ½ Jahr entspricht 6 Monaten. Rechnen Sie mit t = 6 Monate!

Z = 1.559,25 €

5. Rechnen Sie das ¾ Jahr in Monate um!

12 Monate · ¾ = 9 Monate *(Rechnen Sie 12 · 3 : 4 = 9)*

Z = 106,312 € ≈ **106,31 €**

6.

a) **Z** = 270,833 € ≈ **270,83 €**

b) **25.270,83 €**

7. Berechnen Sie erst die Laufzeit in Tagen, danach die Zinsen!

t = 22 Tage

Z = 2,66 €

8. t = 320 Tage

Z = 17,00 €

9.3. Berechnung des Kapitals

Stellen Sie die Formel $Z = \frac{K \cdot p \cdot t}{100\,\%}$ nach der Größe „K“ um, so erhalten Sie die Formel:

$$\mathbf{K = \frac{Z \cdot 100\,\%}{p \cdot t}}$$

Beträgt die Laufzeit t Monate bzw. Tage, lauten die Formeln:

Monatszinsen:

$$\mathbf{K = \frac{Z \cdot 100\,\% \cdot 12\ M.}{p \cdot t}}$$

Tageszinsen:

$$\mathbf{K = \frac{Z \cdot 100\,\% \cdot 360\ T.}{p \cdot t}}$$

1. gegeben: t = 5 Jahre
p = 2,9 %
Z = 3.190,00 €

gesucht: K in €

Lösung:

$$K = \frac{Z \cdot 100\,\%}{p \cdot t}$$

$$K = \frac{3.190{,}00\ € \cdot 100\,\%}{2{,}9\,\% \cdot 5\ J.}$$

K = 22.000,00 €

Das Kapital muss 22.000,00 € betragen.

Alle Größen, die unter dem Bruchstrich stehen, werden „geteilt durch“ gerechnet.

2. gegeben: t = 10 Monate
p = 2,05 %
Z = 85,42 €

gesucht: K in €

Lösung: $K = \frac{Z \cdot 100\,\% \cdot 12\,M.}{p \cdot t}$

$K = \frac{85{,}42\,€ \cdot 100\,\% \cdot 12\,M.}{2{,}05\,\% \cdot 10\,M.}$

K = 5.000,20 € **≈ 5.000 €**

Er hatte 5.000 € angelegt.

3. gegeben: Z = 3,45 €
p = 7,5 %
t = 27 Tage

gesucht: K in €

Lösung: $K = \frac{Z \cdot 100\,\% \cdot 360\,T.}{p \cdot t}$

$K = \frac{3{,}45\,€ \cdot 100\,\% \cdot 360\,T.}{7{,}5\,\% \cdot 27\,T.}$

K = 613,33 €

Die Rechnung betrug 613,33 €.

4. **t = 146 Tage**

K = 1.214,85 €

5. **K = 1.052,73 €**

6. **K = 3.600,00 €**

7.

a) **t = 47 Tage**

b) **K = 25.000 €**

8. **K = 120.000 €**

9.4. Berechnung des Zinssatzes

Für die Berechnung von p gilt:

$$\mathbf{p = \frac{Z \cdot 100\,\%}{K \cdot t}}$$

Monatszinsen:

$$\mathbf{p = \frac{Z \cdot 100\,\% \cdot 12\,M.}{K \cdot t}}$$

Tageszinsen:

$$\mathbf{p = \frac{Z \cdot 100\,\% \cdot 360\,T.}{K \cdot t}}$$

1. gegeben: t = 1 Jahr
K = 2.500,00 €
Z = 100,00 €

gesucht: p in %

Lösung:

$$p = \frac{Z \cdot 100\,\%}{K \cdot t}$$

$$p = \frac{100{,}00\,€ \cdot 100\,\%}{2.500{,}00\,€ \cdot 1\,\text{Jahr}}$$

p = 4 %

Der Zinssatz beträgt 4 %.

2.

a) 13.07. bis 08.08. = 17 Tage + 8 Tage = **25 Tage**

Der Zahlungstermin war um 25 Tage überschritten.

b) Ziehen Sie von der Gesamtsumme den Rechnungsbetrag ab. Dann erhalten Sie die Zinsen.

2.236,97 € – 2.230,00 € = **6,97 €**

Sie zahlte 6,97 € Verzugszinsen.

c) gegeben: t = 25 Tage
Z = 6,97 €
K = 2.230,00 €

gesucht: p in %

Lösung:

$$p = \frac{Z \cdot 100\,\% \cdot 360\,T.}{K \cdot t}$$

$$p = \frac{6{,}97\ € \cdot 100\ \% \cdot 360\ \text{Tage}}{2.230{,}00\ € \cdot 25\ \text{Tage}}$$

p = 4,5 %

Es wurde ein Zinssatz von 4,5 % erhoben.

3. gegeben: K = 7.350,00 €
t = 05.06. bis 31.12.
Guthaben mit Zinsen 7.471,38 €

gesucht: p in %

Lösung: Berechnen Sie zunächst die Laufzeit und die Zinsen. Erst dann kann p berechnet werden.

Auch wenn die Laufzeit bis 31.12. geht, wird der Dezember nur mit 30 Tagen gerechnet.

t = 05.06. bis 31.12.
t = 25 Tage (Juni) + 180 Tage (Juli bis Dezember) = **205 Tage**

Ziehen Sie vom Guthaben mit Zinsen das Startkapital ab. So errechnen Sie die Zinsen.

Z = 7.471,38 € − 7.350,00 €
Z = 121,38 €

Berechnen Sie nun den Zinssatz p!

$$p = \frac{Z \cdot 100\ \% \cdot 360\ T.}{K \cdot t}$$

$$p = \frac{121{,}38\ € \cdot 100\ \% \cdot 360\ T.}{7.350{,}00\ € \cdot 205\ T.}$$

p = 2,9 %

Das Geld war zu einem Zinssatz von 2,9 % angelegt.

4. **p** = 2,449 % ≈ **2,45 %**

5. **t = 16 Tage**

p = 10,5 %

9.5. Berechnung der Laufzeit

Stellen Sie die bereits bekannte Formel zur Zinsberechnung nach der Größe t um. Sie erhalten folgende Formeln:

Für Jahre:

$$t = \frac{Z \cdot 100\,\%}{K \cdot p}$$

Für Monate:

$$t = \frac{Z \cdot 100\,\% \cdot 12\text{ M.}}{K \cdot p}$$

Für Tage:

$$t = \frac{Z \cdot 100\,\% \cdot 360\text{ T.}}{K \cdot p}$$

Lesen Sie sich die Aufgaben gut durch und entscheiden Sie erst dann, welche Formel zur Berechnung der Laufzeit die richtige ist.

1. gegeben: K = 900,00 €
p = 2,75 %
Z = 17,19 €

gesucht: t in Tagen

Lösung:

$$t = \frac{Z \cdot 100\,\% \cdot 360\text{ T.}}{K \cdot p}$$

$$t = \frac{17{,}19\text{ €} \cdot 100\,\% \cdot 360\text{ T.}}{900{,}00\text{ €} \cdot 2{,}75\,\%}$$

t = 250,04 Tage ≈ 250 Tage

Das Geld war 250 Tage angelegt.

2. gegeben: K = 15.000 €
p = 2,8 %
Z = 2.520,00 €

gesucht: t in Jahren

Lösung:

$$t = \frac{2.520{,}00\text{ €} \cdot 100\,\%}{15.000 \cdot 2{,}8\,\%}$$

t = 6 Jahre

Die Laufzeit beträgt 6 Jahre.

3. **t = 210 Tage**

4. gegeben: K = 150,00 €
p = 3 %
Z = 3,00 €

gesucht: a) t in Monaten
b) Datum

Lösung:

a) $$t = \frac{Z \cdot 100\,\% \cdot 12\ M.}{K \cdot p}$$

$$t = \frac{3{,}00\ € \cdot 100\,\% \cdot 12\ M.}{150{,}00\ € \cdot 3\,\%}$$

t = 8 Monate

Thorsten hatte sich für 8 Monate das Geld geborgt.

b) Die Laufzeit beträgt 8 Monate. Sie müssen also 8 Monate (vom Tag der Rückzahlung an) rückwärts zählen.

15.10. – 8 Monate = **15.02.**

Er hatte sich das Geld am 15.02. ausgeliehen.

5.

a) **Z = 1.437,50 €** (Gesamtsumme – Darlehen)

b) **t = 115 Tage**

c) Rechnen Sie die Laufzeit in Monate und Tage um.

115 Tage = 3 Monate und 25 Tage
(Zählen Sie in 30er Schritten: 30 – 60 – 90 = 3 Monate; der Rest sind noch 25 Tage)

Da der Kredit am 25.09. zurückgezahlt wurde, zählen Sie nun 3 Monate und 25 Tage rückwärts.

Zunächst die Monate: 25.09. ▷ 3 Monate = 25.06.
Dann die restlichen Tage: 25.06. ▷ 25 Tage = **01.06.**

Das Darlehen wurde am 01.06. aufgenommen.

9.6. Zinsrechnung – Querbeet

1. gegeben: K = 640,00 €
p = 2,75 %
t = 5 Monate

gesucht: Z in €

Lösung: $Z = \frac{K \cdot p \cdot t}{100\,\% \cdot 12}$ *Bei der Berechnung der Monatszinsen kommt gegenüber von der Zeit t (auf die andere Seite des Bruchstriches) eine 12*

$Z = \frac{640{,}00\,€ \cdot 2{,}75\,\% \cdot 5\,M.}{100\,\% \cdot 12\,M.}$

Z = 7,33 €

Das Kapital bringt 7,33 € Zinsen.

2. gegeben: t = 21.05. bis 11.01. = 9 Tage + 7 · 30 Tage + 11 Tage
t = 230 Tage
p = 2,8 %
Z = 186,04 €

gesucht: K

Lösung: $K = \frac{Z \cdot 100\,\% \cdot 360\,T.}{p \cdot t}$ *Stellen Sie die Formel nach K um. Da es Zinstage sind, muss in die Formel gegenüber von t die 360!*

$K = \frac{186{,}04\,€ \cdot 100\,\% \cdot 360\,T}{2{,}8\,\% \cdot 230\,T.}$

K = 10.399,75 € ≈ 10.400 €

Das Kapital beträgt 10.400 €.

3. gegeben: K = 3.200,00 €
p = 1,4 %
Z = 224,00 €

gesucht: t in Jahren

Lösung: $t = \frac{Z \cdot 100\,\%}{K \cdot p}$

$t = \frac{224{,}00\,€ \cdot 100\,\%}{3.200{,}00\,€ \cdot 1{,}4\,\%}$

t = 5 Jahre

Das Geld war 5 Jahre angelegt.

4. gegeben: K = 6.550,00 €
t = 28.03. bis 05.12. = 2 Tage + 8 · 30 T. + 5 Tage
t = 247 Tage
p = 3,05 %

gesucht: Z in €

Lösung:

$$Z = \frac{K \cdot p \cdot t}{100\,\% \cdot 360\text{ T.}}$$

$$Z = \frac{6.550{,}00\text{ €} \cdot 3{,}05\,\% \cdot 247\text{ T.}}{100\,\% \cdot 360\text{ T.}}$$

Z = 137,067 € ≈ 137,07 €

Die Zinsen betragen 137,07 €.

5. gegeben: K = 215,00 €
t = 01.10. bis 23.12. = 82 Tage
p = 6 %

gesucht: a) Z in €
b) Gesamtsumme

Lösung: a) **Z = 2,94 €**
b) Gesamt: **217,94 €**

6. gegeben: K = 2.325,00 €
p = 5 %
Z = 27,45 €

gesucht: t in Tagen

Lösung:

$$t = \frac{Z \cdot 100\,\% \cdot 360\text{ T.}}{K \cdot p}$$

$$t = \frac{27{,}45\text{ €} \cdot 100\,\% \cdot 360\text{ T.}}{2.325{,}00\text{ €} \cdot 5\,\%}$$

t = 85 Tage

Das Geld war 85 Tage ausgeliehen.

7. gegeben: K = 12.500 €
t = 3 Jahre
Z = 1.950,00 €

gesucht: p in %

Lösung: $p = \frac{Z \cdot 100\,\%}{K \cdot t}$

$p = \frac{1.950\,€ \cdot 100\,\%}{12.500\,€ \cdot 3\ \text{Jahre}}$

p = 5,2 %

Der Zinssatz beträgt 5,2 %.

8. gegeben: t = 15.04. bis 29.10. = 15 T. + 150 T. + 29 T.
t = 194 Tage
p = 4,8 %
Z = 633,73 €

gesucht: K in €

Lösung: **K = 24.499,87 € ≈ 24.500 €**

Das Darlehen betrug 24.500 €.

9. gegeben: K = 2.750 €
t = 180 Tage
Z = 30,94 €

gesucht: p in %

Lösung: **p = 2,25 %**

Der Zinssatz beträgt 2,25 %.

10. gegeben: t = 4 Wochen = 28 Tage
K = 3.000,00 €
p = 5 %

gesucht: a) Z
b) Gesamtsumme

Lösung: a) **Z = 11,67 €**
b) Gesamtsumme = **3.011,67 €**

Die Bekannte zahlt 11,67 € Zinsen. Insgesamt muss sie 3.011,67 € zurückzahlen.

Notizen